我的老闆是**美國總統**

祕勤探員獨家內幕

IN THE PRESIDENT'S SECRET SERVICE

目次

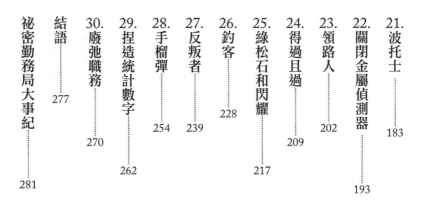

●推薦序——傅建中

我和祕密勤務局打過交道

美國Secret Service的組織和任務性質雖類似FBI及CIA，但一直沒有統一和大家熟悉的中文譯名，而FBI及CIA不僅其英文縮寫為人孰知，中文譯名如聯邦調查局、中央情報局也是大家耳熟能詳的，這反映了Secret Service比FBI及CIA更神祕和較不為人知的一面。本書譯者把Secret Service譯為祕密勤務局，雖不盡理想，卻可接受。

筆者在退休前，至少每兩年要和祕密勤務局打一次交道，因為白宮的記者證每兩年要更新一次，而採訪白宮記者的背景和安全調查是由祕勤局負責的，發證及換證事宜也由祕勤局辦理；大概為了方便記者們，這一部分祕勤局的辦公室就設在白宮的行政大樓（Executive Office Building）內。由於我接觸的這部分只管發證、換證、拍照等事，倒不覺得怎麼神祕，門禁確是非常森嚴。去之前必須先約好時間，然後按時前往，進入行政大樓前，先得向警衛說明來意，警衛核實你在訪客名單上，就發一張臨時識別證給你，只要在樓裡，你就得佩帶這證件，離去時，識別證得繳回。

在行政體系上，祕密勤務局隸屬於財政部，所以每屆換證時，發函通知我的是財政部，而非白宮。自九一一事件後，美國設立國土安全部，從二〇〇三年起，祕勤局已由財政部改隸國土安全部。

如本書所說，祕勤局的職掌之一在保護美國總統、副總統及其家人和訪美外國元首的安全，可是國會已於一九九四年修法，規定一九九七年以後當選的總統，退職後只能享有十年的保護，至於副總統則只享有六個月的保護，不再是終身保護了。因此二〇〇〇年當選的小布希只享有十年的保護，而他老爸則是終身保護。

至於外國政要訪美，其安全也是由祕勤局負責，像蔣經國、嚴家淦、鄧小平應邀訪美，我都親臨其境採訪過，因此有機會目睹並領略祕勤局對他們形影不離的保護，可是蔣經國還是遭台獨分子黃文雄、鄭自才行刺，所以安全措施要做到滴水不漏，確非易事，尤其在美國這種民主自由的開放社會，更是難上加難。譬如二〇〇六年四月中共國家主席胡錦濤訪問華府，就有一位法輪功信徒的大陸醫生王文怡以記者身分混進白宮，在歡迎儀式進行時鬧場，使主客雙方都相當尷尬，幸好這位女士只是喧鬧一番，萬一帶了武器，後果就不堪設想了。

華盛頓的外國使領館林立，它們的安全也由祕勤局配合國務院的外交安全局（Bureau of Diplomatic Security）共同負責。儘管台灣和美國已無外交關係，但台北駐美代表處仍受祕勤局保護，穿著制服的祕勤局警衛人員不時駕車前往代表處巡視，以防不測。

三十年前美國和台灣斷交後，海外的台獨勢力常到駐美代表處門前示威，甚至放置爆炸物，那時祕勤局武裝人員幾乎每天不止一次去台北駐美代表處巡邏，代表處雖然沒有大使館之名，卻享受大使館的待遇，這是美台關係中的不尋常之處。

祕勤局保護總統安全的最大挑戰是美國槍枝管制不嚴，幾近氾濫的地步，因為美國憲法第二修正案明文規定「人民有權持有和攜帶武器」(the right of the people to keep and bear arms)。多少犯罪及無辜生命的犧牲皆因此而起，從林肯到甘迺迪的枉死，都和這個條款有密切的關連，可是國會始終無法通過嚴格的槍枝管制法案，遑論禁止槍枝的使用了。雷根即使挨了一槍險些送命，都還要維護憲法第二修正案呢。在美國要禁止槍枝有多麼難就可想而知了。

另一原因是槍枝的生意鼎盛，年營業數十億美元，業者怎肯自斷財路，因此他們花大錢在國會山莊遊說，收買議員反對槍枝管制的法案。「全美來福槍協會」(National Rifle Association，簡稱NRA)是一財力雄厚、勢力龐大的遊說團體，著名影帝赫斯頓(Charleton Heston)一度是這個協會的會長。

同是安格魯薩克遜裔民組成的英國和加拿大，對槍枝的管制嚴格多了，相對的，無故的傷亡及枉死的人也比美國少多了。另一說是美國人天性中有種暴戾傾向，殺起人來往往是趕盡殺絕，以致一起血案常是多人被殺，而非單一的血案。像一九九五年發生在奧克拉荷馬市聯邦大廈的血案，居然有一百六十八人被害，四百五十人受傷，真是駭人聽聞；三年前發生在維吉尼亞理工大學校園的血案，遇難的竟有三十二人之多。一個國家充斥著這樣的殘暴之徒，祕勤局的任務自是加倍困難。

此外，美國人愛出風頭、英雄主義的心理也使祕勤局對一些意想不到的情況防不勝防。去年感恩節前夕白宮設國宴款待印度總理，一對叫沙拉西（Salahi）的夫婦盛裝闖進白宮赴宴，周旋於貴賓之間，這對夫婦占了便宜還要賣乖，拚命對外發消息，以顯示他們神通廣大，這一事件讓祕勤局失盡顏面，以白宮門禁之嚴，怎會讓名不見經傳的沙拉西夫婦混進去，萬一他們是恐怖分子或刺客，那還了得？國會為之震怒，特別召開聽證會，傳喚沙拉西夫婦、勒令他們說出如何突破白宮的重重關卡混進國宴現場，但他們引用憲法第五修正案，拒絕回答任何問題，弄得國會也沒輒。此一事件的餘波仍在盪漾，是人們茶餘飯後的大好話題。

本來加入祕密勤務局都要宣誓終其一生不得洩漏與業務有關的機密，現任局長蘇禮文稍稍放寬了這一規定，給本書作者帶來千載難逢的機會，加上他平時因採訪和祕勤局幹員們建立的良好關係，所以能寫出這樣大爆內幕、極其精采的書。只是如一些書評所說，把甘迺迪和詹森描繪成色鬼與惡棍，對美國有什麼好處呢？從書的賣點而言，無可厚非，要說這是一本關於美國祕密勤務局的經典之作，則不無商榷的餘地，但不管怎麼說，這無疑是一本開山之作，相信以後必會有更多揭開祕勤局神祕面紗的深度著述。

傅建中

中國時報前駐美特派員，現為「華府看天下」專欄作家

二〇一〇年一月二十八日寫於華盛頓

前言

新任總統和第一夫人笑容燦爛地揮手、握手，群眾的視線全都集中在他們身上。但是跟他們一起沿著賓夕凡尼亞大道行進的男女探員，絕不會注視這對夫婦，他們只注意群眾。氣溫只有華氏二十八度（攝氏零下一．六度），但是祕密勤務局探員的西裝外套打開，雙手閒置身前，以備萬一發生狀況可以立刻拔出SIG紹爾P229手槍。從電視上，全世界看到車隊緩緩行進時，偶爾也會瞥見反狙擊手在大樓屋頂戒備待命的身影。經過幾個月祕密籌劃的大規模維安作業，這只是其中一點跡象而已。

祕勤局預先排定歐巴馬和蜜雪兒夫婦可以在哪裡走下代號「野獸」的總統轎車。配備全自動史東納SR16步槍和閃光手榴彈的反攻擊小組成員，已在這些定點就位。

如果他們察覺到任何威脅的跡象，滿臉嚴肅的臉上也絕不會透露出來。所以當他們目睹幕後發生的任何事情，也一樣面無表情。由於祕勤局探員宣誓保守祕密，選民很少清楚他們的總統、副總統、總統候選人和內閣閣員的真實面貌。有位探員說，選民若是知道真相，「一定會大聲尖叫。」

誓言替總統擋子彈的探員，時時刻刻曝露在風險中。可是祕勤局本身的許多做法，卻讓自己的探員、總統、副總統及其他保護對象身陷更大的危險。這些缺失極可能導致又一次的行刺案件。

1. 監督

林肯還未宣誓就任總統之前，就已經被人鎖定為綁架或暗殺的對象。南北戰爭期間，他不斷接到威脅信函。可是，和他之前及之後的許多總統一樣，林肯很少用上個人保護。他的朋友、警方和軍方一再試圖要保護他，他都予以婉拒。後來，到了內戰末期，他終於答應讓四名華府警官擔任隨扈保鑣。

一八六五年四月十四日，狂熱的南方邦聯支持者布斯（John Wilkes Booth）獲悉林肯將在當天晚間到福特劇場觀賞表演。當天輪值的保鑣是華府警局的巡警巴克（John F. Parker）。巴克沒守在總統包廂外頭警衛，卻踱去觀看表演，又溜到附近的沙龍買飲料。由於巴克的失職，林肯雖貴為總統，卻跟尋常老百姓一樣，沒有受到保護。

晚上十點過後不久，布斯潛入總統包廂，開槍擊中林肯的後腦勺。林肯於次日上午不治殞命。

儘管有此慘痛教訓，對於總統的安全保護依然沒有章法。南北戰爭結束後有一段時間，戰爭部派士兵衛戍白宮。在特殊場合，華府警局亦派員協助維持秩序，防止群眾集聚。但是，負責保護總統的常設警官隊，員額卻從林肯任內的四人減為三人。這些警官只負責保護白宮，也未接受任何特別訓練。

因此，賈斐爾總統（James A. Garfield）一八八一年七月二日在華府的巴爾的摩—波多馬克火車站，穿過候車室、預備登車時，並無隨扈隨行保護。刺客吉托（Charles F. Guiteau）從人群中竄出來，第一槍擊中總統手臂，第二槍則致命地打到背部。據說，吉托非常不滿賈斐爾沒有派他擔任駐歐洲某地的領事，憤而行凶。

發明電話的貝爾（Alexander Graham Bell）試圖用他發明的一項電子器材找出總統背上的子彈。可是，試驗時成功的器材，真正派上用場時卻找不到子彈。其他的辦法也都失敗。賈斐爾終於在一八八一年九月十九日死於槍傷。

雖然這起暗殺事件令全國震撼，對於下一任總統亞瑟（Chester A. Arthur）卻也沒有特別的保護措施。問題的癥結出在：如何能在保護國家領導人的同時，又不會讓他們失去和民眾接觸的機會。

事實上，賈斐爾遇刺之後，《紐約論壇報》仍反對提升安全保護。它說，國家不希望總統成為「官職之奴隸，形式和限制之囚徒」。

開放和保護之間的兩難，其實可以追溯到白宮本身原始的設計規畫。建築師皮耶・雷方迪（Pierre L'Enfant）的設計得到華盛頓總統的核可，原本要把白宮興建成「總統宮殿」（presidential palace），比後來真正蓋成的白宮大上五倍。但是，以傑佛遜（Thomas Jefferson）為首的共和黨人指責聯邦黨人此一計畫不符民主精神。批評者抨擊它「皇家氣息十足」，以一大堆廷臣和護衛環繞著總統，有如英國王室的排場。

為瞭解決僵局，傑佛遜向華盛頓總統建議，開放全國徵圖，甄選出最佳設計作品，按圖施工興建總統府邸。華盛頓從善如流，後來接受了詹姆斯・霍邦（James Hoban）的設計。白宮於一七九二年十月十三日動工興建。一七九七年建物外牆漆為白色，人們遂以白宮稱之。

由於開放和安全這兩個目標相互衝突，經過多年之後才由祕密勤務局承擔總統的維安任務，也就不足為奇。祕密勤務局創始於一八六五年七月五日，隸屬財政部，負責查緝偽鈔犯。當時，估計全國約有三分之一的鈔券是偽鈔。各州發行自己的鈔券，全國有一千六百家銀行印製鈔票。沒有人曉得自己手中的鈔票究竟是真是假。

夠諷刺的是，林肯總統的最後一項公事是簽署法令，成立祕密勤務局。祕密勤務局首任局長威廉・伍德（William P. Wood）是戰爭部長艾德溫・史丹頓（Edwin Stanton）的老朋友，曾經參與美墨戰爭，亦曾擔任監獄典獄長。

祕密勤務局的頭號目標威廉・布洛克威（William E. Brockway）技藝高明，偽造的財政部國庫券幾可亂真，連財政部自己都讓七十五張千元面額的贗品兌現。伍德局長親自查出布洛克威化名匿居紐約，把這個「偽鈔大王」緝捕到案、繩之以法。

到了一八六七年，祕密勤務局已大體上控制住偽鈔犯罪，獲得媒體好評。《費城電訊報》宣稱：「職業歹徒不願損上祕密勤務局。祕密勤務局努力不懈辦案，歹徒不是落網坐牢，就是在追緝中遭到格殺。」

鑑於祕密勤務局成效斐然，國會擴大該局職掌，讓它調查其他犯罪，包括針對政府之詐欺案件。一八九四年，祕密勤務局調查科羅拉多州一群「西部賭徒、無政府主義者或狂人」陰謀行刺克里夫蘭總統（Grover Cleveland）的案件。祕密勤務局超越法律明文規定之職掌，派了兩名負責調查的探員隨行保護總統。有一段時間，這兩名探員駕著一輛馬車跟在總統馬車後方，形影相隨。在政敵批評下，克里夫蘭要求祕密勤務局撤回這兩名隨扈。

由於總統收到的威脅信函增多，克里夫蘭夫人說服丈夫增加白宮的警衛人力，於是警衛由三人增加為二十七人。一八九四年，祕密勤務局開始非正式派出探員，補強總統的保護措施，包括總統出訪時的維安工作。

可是，這麼做並沒有幫到下任總統麥金萊（William McKinley）。麥金萊在一九〇一年九月六日遭里昂・克索葛茲（Leon F. Czolgosz）槍擊時，是有接受保護的；這一點和林肯、賈斐爾遇刺的時候不同。麥金萊當天在紐約州水牛城泛美博覽會會場的音樂廳出席接待會，民眾排成長龍經過兩列軍警，要和總統握手。自命為無政府主義者的二十八歲凶手擠在隊伍中，掏出藏在手帕下的手槍連開兩槍，這時兩名祕密勤務局探員距離總統不到三英尺。兩發子彈打進麥金萊總統的胸和胃。八天之後，他因血中毒而宣告不治。

但是，還得等到下一年（一九〇二年），祕密勤務局才正式承擔起總統的維安任務。即使如此，它還是缺乏法律明文授權執行此項任務。國會於一九〇六年開始撥付總統維安工作專款預算時，仍是列入「民事庶務經費支出法」，逐年核定撥付。

在保護措施提升下，老羅斯福總統（Theodore Roosevelt）致函參議員亨利・洛奇（Henry Cabot Lodge）表示，他認為祕密勤務局是一根「很小、但很有必要的肉中之刺。當然，要保護我免遭攻擊，他們並非沒有用處。可是我不認為會有這類攻擊的危險，如果真的有這種危險的話，就像林肯說的：『雖然總統住在籠子裡會比較安全，但它卻會妨礙他的工作。』」

傑克遜總統（Andrew Jackson）於一八三五年一月三十日、老羅斯福總統於一九一二年十月十四日，以及尚未宣誓就職的小羅斯福總統（Franklin Delano Roosevelt）於一九三三年二月十五日，都曾遇刺，但均倖免於難。即使國會一再考慮要立法明訂刺殺總統為聯邦刑事罪，但卻遲遲沒有付諸實際行動。民眾在白天時仍可自由進出白宮。事實上，白宮剛開放之初，就有一名精神錯亂的男子踱進白宮，威脅要殺害約翰・亞當斯總統（John Adams）。亞當斯沒有召喚任何人，很鎮定地請這名男子進入辦公室談話，使他平靜下來。

後來，在祕密勤務局堅持下，白宮在第二次世界大戰期間開始不准民眾自由出入。訪客必須先在白宮外圍的入口登記。在此之前，國會已於一九二二年正式成立白宮警衛隊，以保護總統府邸周遭安全。一九三〇年，白宮警衛隊納入祕密勤務局；現在這個單位的名稱是祕密勤務局制服處。名如其實，這個單位的人員是穿制服的警官。

與制服處相反，祕密勤務局探員穿的是西裝。他們負責第一家庭和副總統及其家屬的安全，不用管外圍安全。他們也負責保護卸任總統、總統參選人和來訪外國元首，以及國家重大特殊事件（如總統就職、奧運會、總統提名大會等）的安全維護。

到了第二次世界大戰結束時，奉派保護總統的祕密勤務局探員人數已增加至三十七人。強化安全確實收到了效果。一九五〇年十一月一日下午二時二十分，兩名波多黎各民族主義者硬闖布萊爾賓館，企圖殺害杜魯門總統。兩名凶手是三十六歲的柯拉佐（Oscar Collazo）和二十五歲的托瑞索拉（Griselio Torresola），他們希望引起世人注意波多黎各要脫離美國而獨立的目標。

兩人挑了兩把德國製手槍，從紐約搭火車到華府。根據韓特（Stephen Hunter）和班布里奇（John Bainbridge, Jr.）合著的《美國之槍戰》一書的說法，他們坐計程車到白宮，發現白宮正在整修，他們的目標不住在白宮。白宮當時已經十分老舊，杜魯門的女兒瑪格麗特把鋼琴擺在二樓，樓地板會承不住重量而下陷。柯拉佐和托瑞索拉從司機口裡聽到，整修期間，杜魯門總統——代號「監督」(supervise)——暫時下榻白宮對面的布萊爾賓館。他們決定硬闖。

兩人在賓夕凡尼亞大道下車後，托瑞索拉走向布萊爾賓館的西側，柯拉佐則往東側走。他們計劃同時抵達大堂，開槍撂倒警衛，然後找出總統。托瑞索拉的槍法較好，柯拉佐此行則有如在職訓練。可是，冥冥中命運之神另有祂的安排。

祕勤局探員波林(Floyd Boring)和白宮警官戴維森(Joseph Davidson)負責看守東側崗哨。西側崗哨則由白宮警官柯飛特(Leslie Coffelt)看守。白宮警官柏德齊爾(Donald Birdzell)站在大樓前門帳篷下，當柯拉佐靠近時，他正好背對著街道。

柯拉佐並不熟悉他攜帶的自動手槍；他試著開槍，但槍枝喀嚓一聲，子彈卻沒射出來。柏德齊爾聞聲轉身，看到槍手正在查看槍枝。突然間，槍枝膛炸，子彈打中柏德齊爾右膝。

波林和戴維森離開東側崗哨，拔槍朝柯拉佐開火。守在賓館內的祕勤局探員史陶特(Stewart Stout)從槍櫃裡取出一支湯普生衝鋒槍。他的崗位是川堂，負責守護通往二樓的樓梯和電梯，當時杜魯門脫得只剩內衣褲正在二樓睡午覺；代號「向陽面」(Sunnyside)的第一夫人貝絲夙來不喜歡華府生活，這一天也出城去了。

托瑞索拉已經欺近西側崗哨，掏出魯格手槍，開槍擊中柯飛特警官的腹部，使他仆倒在地。托瑞索拉繞過崗哨，迎面碰上穿便服的白宮警官唐斯(Joseph Downs)，連開三槍，打中唐斯的臀部、肩部和左側頸部。

然後托瑞索拉跳過灌木樹叢，衝向前門；負傷的柏德齊爾正朝著柯拉佐開第三槍或第四槍。柏德齊爾發現托瑞索拉衝過來，掉轉槍口，開了一槍，沒命中。托瑞索拉開火，打中柏德齊爾另一個膝蓋。

此時柯飛特卻英勇地站了起來，身體倚靠在崗哨上，瞄準托瑞索拉腦袋扣扳機，子彈射穿他的耳朵；托瑞索拉當場斃命。

其他的警官、探員紛紛朝柯拉佐開火，終於有一槍打中他的胸部。守在二樓的祕勤局探員穆羅茲（Vincent Mroz）也從窗口向柯拉佐開火。

祕勤局史上最大的一場槍戰在四十秒鐘之內結束，雙方共開了二十七槍。柯飛特警官格斃托瑞索拉之後兩小時，本身因急救無效而殉職，死後列名祕勤局殉職英雄榜。柯拉佐和兩名白宮警官後來傷癒。杜魯門總統毫髮未傷。如果凶手能進入賓館，史陶特及其他探員也會幹掉他們。

波林回想起來，「那一天風和日麗，室外溫度約八十度（攝氏二十七度）。」他說：「我記得曾經跟柯飛特開玩笑，要他換一副新眼鏡，才能好好看清楚漂亮女生。」

槍戰結束，波林上樓去見總統。波林記得當時杜魯門問說：「樓下怎麼一回事？吵死了。」

另一名探員泰勒（Charles "Chuck" Taylor）說，第二天上午杜魯門要出門散步，「我們說，恐怕不太好，外頭可能還有其他殺手。」

翌年，國會終於通過立法，永久授權祕密勤務局保護總統、總統的近親、總統當選人，以及副總統（如果他要求的話）之安全。

杜魯門一九五一年七月十六日正式簽署這項法律時還開玩笑地說：「知道保護我的工作終於成為法定職責，真好。」

但是，總統會受到何種程度的保護，還得看他的個人意願。總統希望和民眾多接觸，而祕密勤務局當然希望加強安全措施。甘迺迪總統的助理歐唐奈爾（Kenneth O'Donnell）曾說：「總統認為他身為美國總統，就有責任和老百姓見面，到老百姓家裡拜訪，閒話桑麻或討論國家政事。」

可是，在這些合理目標和莽撞之間，還是有著很細微的差別。

2. 槍騎兵

甘迺迪總統的隨扈隊，包括組長在內，人數約有二十四名探員，通常一班排七人值勤。他們在受雇之前會被帶去接受手槍射擊訓練，發給一本工作守則，除此之外根本沒有其他初步訓練。

前任探員紐曼（Larry D. Newman）說：「我報到的第二天，就奉派坐上總統轎車的後座。組長把一支湯普生衝鋒槍擱到我膝上。在此之前，我從來沒看過湯普生衝鋒槍長什麼模樣，更不知道這傢伙要怎麼用。」

接下來幾年，紐曼總共接受十週的訓練課程，其中四週到財政部聽課，瞭解執法程序；另外六週到祕密勤務局受訓。但是他一直不明白，為什麼白宮有一批槍枝鎖在櫃子裡，保留給祕密勤務局探員使用，可是櫃子的鑰匙只有白宮警衛隊才有。

紐曼被訓示要替總統擋子彈，對總統的私生活守口如瓶。祕密勤務局探員就像監視器，把幕後的一切看在眼裡。直到今天，祕密勤務局局長還是會不時提醒探員，他們在幕後的所見所聞，一概不得對外人洩漏，當然更不能向新聞界透露任何口風。

紐曼和奉派保護甘迺迪總統的其他探員，很快就發現他過著雙面生活。一方面他是極具魅力的自由世界領袖，另一方面卻是毫不負責任的浪蕩子、負心漢，背著太太和女人鬼混；底下助理不時把女人偷偷送進白宮，滿足他的性慾。

前任探員魯茲（Robert Lutz）記得甘迺迪每次搭空軍一號出巡，總有一架專機載新聞記者隨行。這架新聞記者專機上有位漂亮的瑞典裔空中小姐，似乎對魯茲有好感，魯茲也打算邀她一起吃晚飯。總統隨扈組長發覺他們倆眉來眼去，便警告他莫近佳人，「她是總統的禁臠之一！」

除了一夜情之外，甘迺迪在白宮裡也養了幾名「愛妃」。其中之一是他擔任參議員時的祕書潘蜜拉．特妞兒（Pamela Turnure），此時是第一夫人賈桂琳的新聞祕書。另外兩名「愛妃」普莉席拉．維兒（Priscilla Wear）和姬兒．柯雯（Jill Cowen），綽號分別是「菲朵」和「費朵」。維兒加入白宮幕僚團隊之前，已經有了菲朵的綽號，因此甘迺迪的助理就稱柯雯為費朵。

總統隨扈、前任探員紐曼說：「她們倆都沒什麼正經活可做。」她們和甘迺迪搞三人行。

前任探員泰勒也說：「賈桂琳出遠門的話，潘蜜拉有空就到白宮官邸見甘迺迪。菲朵和費朵身材凹凸有致，和甘迺迪在游泳池裡戲水。她們只穿白色T恤，一下水，奶頭看得清清楚楚。我們和賈桂琳的隨扈隊必須保持無線電通話，以防她突然回家。」

有一天下午，甘迺迪和幾個女生在游泳池裡遊龍戲鳳，好不快樂。突然，賈桂琳的隨扈隊緊急來電，第一夫人要回白宮！

當時的總統隨扈薛曼（Anthony Sherman）說：「賈桂琳十分鐘之內就會到家，甘迺迪急急跳出游泳池。他穿著泳衣，手裡拿著一杯血腥瑪莉雞尾酒。」

甘迺迪舉目環顧，把酒杯遞給薛曼，說：「給你吧！它挺不錯喔！」

根據祕密勤務局若干探員的說法，甘迺迪總統和女明星瑪麗蓮夢露在紐約的旅館開房間，也在司法部長羅伯・甘迺迪（總統的弟弟）辦公室內幽會。司法部五、六樓之間有個套房，供部長處理危機、必須留宿之時使用。由於套房靠近部長專用電梯，甘迺迪和夢露可以避人耳目，從司法部地下室偷溜進去。

有位祕勤局探員說：「他（甘迺迪）和夢露就在那裡幽會。祕勤局大家都曉得。」

如果說甘迺迪私生活放蕩不羈，他對安全措施也一樣掉以輕心。一九六三年十一月二十二日訪問德州達拉斯之前，他就接到警告：當地可能會發生暴力行為。駐聯合國大使史蒂文生（Adlai Stevenson）打電話給甘迺迪的助理小史勒辛格（Arthur Schlesinger, Jr.），要他轉告總統別去達拉斯。他說他剛到過達拉斯演講，卻遭到示威者當面咒罵、吐痰。史蒂文生說，傅爾布萊特（J. William Fulbright）參議員也警告甘迺迪別去。

傅爾布萊特告訴他：「達拉斯很危險，我不會去。您最好也別去。」以聯邦調查局的調查為根據的華倫委員會報告說，即使如此，甘迺迪的助理歐唐奈爾依然告訴祕密勤務局，除非遇到下雨，否則總統要坐敞篷轎車。如果下雨，甘迺迪會拉上沒有防彈作用的塑膠車頂。代號「槍騎兵」（Lancer）的甘迺迪親自指示探員，別站在總統轎車後方的腳踏板上。

當天上午十一時五十分稍後，甘迺迪的轎車從愛田機場（Love Field）出發，預備前往貿易中心參加午宴。車隊慢慢開上榆樹街，穿過高架鐵路，再到迪利廣場的史丁曼高速公路。德州教科書倉庫就在甘迺迪右手邊。

這次出訪前，祕勤局只派兩名探員前往達拉斯做先遣作業。直到今天，祕勤局仍然十分倚重地方警察和其他聯邦機構地方分支的協助。當時的先遣作業規範並不包括預先檢查車隊沿線的建築物——而且車隊路線事先已對外公布。

中午十二時三十分，總統座車時速約十一英里（十七．六公里）。德州教科書倉庫方向傳來連續多響槍聲，其中一發子彈打進總統頸部下方，另一發子彈擊中他的後腦勺，造成致命傷口。他向左撲倒在太太賈桂琳的膝上。

探員葛瑞爾（William R. Greer）當天負責開車，另一名探員凱勒曼（Roy H. Kellerman）坐在右邊，兩人都無法立刻跳到後座幫助總統——如果探員獲准站在轎車後方的腳踏板上，此時就可派上用場。更麻煩的是，總統的轎車是三排座椅。打中總統腦部的第二發「致命的一槍」，距第一發子彈是四點九秒。

葛瑞爾沒有接受過閃避駕駛的特別訓練。第一槍之後，他沒有立刻踩油門或採取閃避措施。事實上，他還一度慢下汽車，等候凱勒曼下達命令。

凱勒曼大呼：「快！快！快離開這兒！我們被襲擊了！」

探員希爾（Clinton J. Hill）站在第二輛車左側的腳踏板上，他衝向甘迺迪座車，在車子加速之前擠了上去。他把代號「蕾絲」（Lace）的賈桂琳推回後座，用身體護住夫人和總統。

甘迺迪隨扈隊的探員泰勒告訴本書作者：「如果探員可以站在轎車後方的踏板上，他們就會把總統推倒，撲蓋在他身上，在致命的第二槍之前護住他。」

祕密勤務局局長梅勒提（Lewis Merletti）後來也證實這個說法，他表示：「分析過這起暗殺事件——包括擊中總統的子彈之彈道——之後，顯示：若是探員站在汽車踏板，或許可以阻止悲劇。」

甘迺迪被送往四英里外的巴克蘭紀念醫院急救，下午一點鐘，醫生宣告不治。祕勤局全體探員士氣一落千丈。

一名殺手再次改變了歷史的進程。

對於祕密勤務局而言，重點是它要如何從這起事件學到教訓，以防止再次發生慘案。

3. 志願者

如果祕密勤務局探員覺得甘迺迪莽撞的話，詹森可就是粗魯、猥瑣，經常醉茫茫。泰勒記得詹森還是副總統時，有一天他和另一名探員開車送詹森從國會大廈赴白宮，和甘迺迪總統在下午四點鐘會面。代號「志願者」（Volunteer）的詹森到了三點四十五分才要出發。由於賓夕凡尼亞大道車流擁擠，一定會遲到。

泰勒說：「詹森要我衝上人行道趕路。這時候人行道上已出現下班人潮。我告訴他：『不行啦！』他說：『我命令你這麼做！』他拿起報紙，拍打開車那位探員的腦袋瓜，口裡嚷著：『我要開除你們兩個王八蛋。』」

到了白宮後，泰勒告訴甘迺迪的祕書艾弗琳．林肯（Evelyn Lincoln）：「我被開除了。」林肯聽完事情始末，氣得猛搖頭，不敢置信。當然，泰勒沒被炒魷魚。

一九六三年十一月二十二日詹森繼任總統後，也和幾個年輕女祕書搞七捻三。綽號「小瓢蟲」的總統夫人出門時，祕勤局探員奉命送總統到一位祕書家。他堅持他倆在一起時，探員要離開。

泰勒說：「我們送他去，他就叫我們撤走。」

有一次，代號「維多莉亞」(Victoria)的第一夫人撞上他在橢圓形辦公室沙發上和一名祕書做愛。詹森對祕勤局探員竟然沒有預先警告他而大發雷霆。

有位主管級的探員記得他痛罵：「你們這些傢伙得要善盡職守啊！」

這次事件發生在他繼任總統沒幾個月之後。事後，詹森命令祕勤局裝置警鈴系統，駐在官邸的探員在第一夫人往他的辦公室前進時，可以先發出警報。

某位前任祕勤局探員說：「白宮裝設警鈴系統是因為第一夫人逮到他在橢圓形辦公室和祕書亂搞。他氣炸了。樓上官邸的電梯旁裝了警鈴，直通橢圓形辦公室。如果我們看見小瓢蟲朝電梯或樓梯走去，就必須按鈴通報。」

詹森漁色的對象並不限於底下的祕書。另一名前任探員說，他還豢養另一些性對象，甚至第一夫人在家時，這些女人也進住其農莊。

這位前任探員說：「他和小瓢蟲同房共寢，但半夜起身轉到另一個房間去。小瓢蟲也曉得他在搞什麼名堂。有一個女人是身材很棒的金髮女郎；還有一人是他朋友的妻室。她的丈夫允許詹森和自己的太太有性關係。真是太不可思議了！」

主持詹森軍事處（Military Office）的古雷（Bill Gulley）說：「我底下就有些女孩和他上床。有一個女孩恃寵而驕，高興上班才來上班。我沒辦法要她做事。」

古雷在軍事處的行政助理卡夫（William F. Cuff）說得更不堪：「只要是能爬的東西他都可以搞上。他是個老色鬼。但是白宮幕僚群人人都怕他，如此一來大家反而都相處得不錯，成就了一支忠心部隊。」

一九八七年第一夫人接受電視訪問，被問到詹森搞七捻三的傳聞時，她答說：「你必須明白，先夫喜歡人，所有的人。而世界上有一半的人是女性。」

空軍一號機組人員說，詹森經常把艙房的門鎖上，和漂亮的祕書在裡頭單獨相處數小時，連太太在機上也不避諱。

空軍一號服務員羅伯．麥克米蘭（Robert M. MacMillan）回憶說：「詹森上了飛機（空軍一號），一脫離群眾的視線範圍，他會站在走廊，眉開眼笑地說：『你們這些龜兒子，我要把尿撒到你們身上。』然後他就開始寬衣解帶。等到進入艙房，他已經剝得只剩內褲和襪子。他常會逕自脫掉內褲，不管誰在艙房裡。」

即使周圍有女性，詹森也不介意，照樣「脫掉、脫掉」。

麥克米蘭說：「他當著女兒、太太和女祕書的面，照樣脫個精光。他的蛋蛋滿大的，因此大家背後稱他為牛丸。後來他發覺了，氣得要命。」

詹森經常喝得醉茫茫。他在農莊的車子裡擺了好幾瓶威士忌。有一天夜裡，已經貴為總統的詹森醉醺醺回到白宮，大罵燈光怎麼還開著，太浪費電。

祕密勤務局制服處白宮分處前任處長華澤爾（Frederick H. Walzel）說：「他是我見過唯一喝得醉醺醺的總統。」

詹森的新聞祕書李迪（George Reedy）告訴我：「他三不五時喝得酩酊爛醉。有時候一連幾天喝個不停。你不由得會認為：『這傢伙分明是個酒鬼嘛！』然後，突然間他又停了下來。我們看到他叫一杯蘇格蘭威士忌和一杯蘇打水，就曉得他要喝開了。他不會輕飲細啜，而是一口乾掉。」

詹森只要黃湯下肚，火氣就更旺盛。

麥克米蘭說：「有一次我們準備的是烤牛肉。他（詹森）走進機艙。（詹森的助理）傑克・瓦連提坐在那裡。他剛拿了餐盤，上面有一片漂亮的、沒全熟的烤牛肉。」

詹森一把搶走餐盤，大叫：「你這個傻瓜，竟然吃生牛肉。」

詹森把食物帶到廚房，痛罵：「你們這兩個王八蛋！瞧一瞧！這是生肉耶！你們在我飛機上，一定要調理好肉品，別讓我的人吃生肉。混蛋，如果你們這兩個小子再在我飛機上供應生肉，你們兩個統統給我準備到越南去。」

詹森倒翻餐盤丟在地上，怒沖沖走了。

隔了幾分鐘，瓦連提走進廚房。

麥克米蘭說：「瓦連提先生，對不起喔。」

瓦連提問：「還有生牛肉吧？」

麥克米蘭說：「還有很多。」

「好了，他不會回來了。他已經鬧完了。別給我全熟的烤牛肉喔。」

另一位空軍一號服務員皮夏（Gerald F. Pisha）說，有一次詹森不喜歡一名服務生替他調的酒，竟把杯子往地上摔。

詹森叫嚷：「給我找個懂調酒的人來。」

回到德州農莊，詹森比在白宮更猥褻不堪。空軍一號隨機工程師歐唐納（D. Patrick O'Donnell）說，有一次在農莊開完記者會後，詹森「掏出那話兒撇尿，側面朝著（記者）他們。你可以看到熱尿滾滾。真丟人！我簡直不敢相信。這可是美國總統耶！他竟然當著一大群人的面公然撇尿」。

派到農莊的一名祕勤局探員記得，詹森會請名流訪客坐上一輛水陸兩棲車遊覽農莊，他們並不知道這部車是水陸兩棲的。車子開到彼得納利河（Pedernales River）畔，他會把車子開進河裡，嚇得那些賓客魂飛魄散。

有一天清晨六點鐘，這名探員守在一道直通詹森臥房的門口外頭。

這名退職探員說：「我看著太陽冉冉升起，聽著小鳥爭鳴，忽然間出現一陣聲音。回頭一看，全世界最有權有勢的大人物竟在後陽臺上撒尿。我想起剛派到總統隨扈隊時聽到德州佬流傳的一則故事。這則故事說，當詹森回到農莊時，公牛都羞得擡不起頭來。因為他的傢伙大得你都不敢相信。」

有一次，詹森坐在馬桶上一邊「撇條」、一邊和白宮記者團進行記者會，這位前任探員也在場。原本有一塊布巾圍在腰際遮擋，他竟然把它扯掉。

這位前任探員說：「我簡直不敢相信竟然有這種事。但是，經常伴隨在他身邊的人都司空見慣了！」

羅伯・酒迪遇刺身亡，一名探員奉命在早上叫醒詹森，以便和新聞祕書先談一談。

這位前任探員說：「我敲敲臥室的門，小瓢蟲說請進。」

她說：「他在盥洗室。」

這位前任探員說：「我就又敲敲盥洗室的門。詹森坐在馬桶上。衛生紙滿地都是，很怪異。」

前任探員羅斯（Richard Roth）說，他偶爾被派去支援總統隨扈隊的時候心裡會想：「詹森如果不是總統的話，應該送到精神病院關起來。」

詹森的農莊養了好幾十隻孔雀。

臨時派到農莊隨扈組的探員柯蒂斯（David Curtis）說：「有一天半夜時分，一隻孔雀四處遊走。當時夜色明亮，一名探員撿了一塊石頭，預備把這個討厭的東西嚇走。他把石頭朝孔雀丟過去，不料卻擊中牠的腦袋。孔雀砰地一聲倒下。」

探員乙前來換班時，探員甲告訴他：「天啊！我打死一隻孔雀了。你看我們該怎麼辦？」

柯蒂斯說：「兩人得到共識，農莊裡有那麼多隻孔雀，誰會注意到少了一隻。把牠拖到彼得納利河，丟進河裡，不就神不知鬼不覺了嗎？於是，他們倆就這麼幹了。」

黎明時分，另一班探員又來換班了。不久，一名探員用無線電對講機通報指揮中心。他說：「天呀！快派人過來。這裡好像有一隻喝醉酒的孔雀，全身濕透，羽毛零亂，腳步蹣跚，朝屋子方向前進。」

這隻孔雀原來沒死，竟然醒過來，設法爬上岸。詹森根本不知道有這樁公案。

白宮軍事處的古雷說：「詹森根本就是個大盜。他曉得哪裡可以挖到錢。他要我們成立一筆基金，代號『綠球』。這是國防部的錢，預備用來補助祕密勤務局採購武器之用。可是詹森卻任意挪用，拿來買新型獵槍；詹森和他的朋友占用了這些槍枝。」

詹森一向打造儉樸形象，讓人家以為他努力撙節納稅人的錢。詹森曾經命令把白宮新聞室的女廁所燈光關掉，以示節儉。

詹森卸任時，古雷說他奉命安排至少十架次飛機把政府公物運送到詹森的農莊去。空軍一號隨機工程師歐唐納說，他參加三次運送任務。所搬運的東西，他認為應是白宮公物。

歐唐納說：「我們運送白宮家具回農莊。我出了幾趟任務。我們在晚上七點五十分、八點五十分和凌晨出動……我認為他連華特．里德陸軍醫院的電動床也搬回家。真是不要臉。」

詹森最偉大的政績就是克服南方的抗拒，通過了民權法案，可是私底下他一樣把黑人稱為「黑鬼」（nigger）。

詹森過世後，負責小瓢蟲維安任務的祕勤局探員驚訝地發現：他們家裡固然陳列不少詹森和名人的合照，可是竟沒有他和甘迺迪總統的合照。

4. 威脅

祕密勤務局每天平均接到十個威脅情資，通常是針對總統。但諷刺的是，一直要到甘迺迪遇刺之後，謀殺總統才成為聯邦刑事罪。可是，國會早在一九一七年就明訂「刻意」威脅總統——還沒到殺害的地步——為聯邦罪。後來法令修訂，威脅總統最高可處五年有期徒刑，並得課罰金二十五萬美元。威脅總統當選人、副總統、副總統當選人，或任何次一順位接任總統的公職人員，也適用同一刑罰。

為了確保受保護對象不致遭受攻擊，祕密勤務局採用許多祕密技術、工具、策略和程序。其中一項工具即是祕勤局的維安情報及評估處建立的一份檔案，檔案內容是所有可能威脅到總統的人士。

對絕大多數可能的殺手而言，幹掉總統就像是中了頭彩一樣。

某位負責情報偵蒐的前任探員說：「我們希望徹底瞭解這些人。這些殺手若是不以殺害參議員或州長為滿足，遲早會把注意力轉移到總統身上。」

祕密勤務局固然可能偵測到來自任何地方的威脅，但是透過電子郵件、一般郵件和電話指向白宮的威脅，卻是防不勝防。白宮接線生奉命，若是聽到威脅電話要立刻和祕勤局總局連線。祕勤局一九九七年完工的總局新廈位於華府西北區H街和第九街路口，是一棟沒有招牌的九層樓磚造建物。基於安全考量，總局前沒有任何垃圾桶。大樓入口上方安裝了一具全視角監視攝影機。

一進門就有一座金屬偵測儀器。牆上大大的銀色字體寫著「值得信賴」。看不到「祕密勤務局」的字樣，即使是安全官發給訪客的識別證上也沒有。你要再往裡走，才會看到有一面牆標明「美國祕密勤務局紀念堂」，裡面是三十五名歷年來因公殉職人員的英勇事蹟陳列室。

環繞著中庭，有好幾條甬道通往玻璃牆後一排又一排的辦公室。探員們若不想等候電梯，中庭裡有開放的樓梯可走，當你往上走時，可以俯瞰中庭景色。走廊牆上是歷任總統照片，也陳列著殉職同仁的紀念照片。

展覽廳裡有一八六五年財政部長任命第一任局長伍德的人事令、有奧斯華殺害甘迺迪總統的凶槍仿本，還有真鈔、偽鈔並列展示。

祕勤局的神經中樞位於九樓。聯合作業中心裡有幾位探員監視著保護對象的動態；保護對象的代號和位置顯示在牆上的螢幕上。保護對象一到達新地點，隨行的情報小組探員會立刻向聯合作業中心通報。當保護對象突如其來移動位置時，這種狀況探員稱之為「跳出」（pop-up）。聯合作業中心的隔壁是局長的危機處理中心，專供九一一攻擊之類的緊急事件時指揮調度之用。

可疑的電話打進白宮，總局的探員會予以側聽，必要時會裝成另一個總機人員協助處理狀況。

祕勤局一名探員解釋說：「他在等著魔術通關密語（指的是對總統的威脅），負責立刻追蹤。」

鑑識處會把來電錄音和其他威脅電話資料庫裡的聲音做比對。任何威脅都不容輕忽。如果比對結果找出某人，祕勤局會約談他，評估此人的威脅究竟有多嚴重。探員們會區別真正的威脅，以及合乎憲法第一修正案的言論。

某位派在副總統隨扈隊的探員說：「如果你不爽總統的政策，你當然可以說出來。那是你的權利。我們要找的是逾越分際，威脅著說『我會來找你，我要宰了你，你該死，我知道誰可以幫忙做掉你』的那些人。他的名字會列入電腦系統。」

逮捕這些威脅者是常有的事。譬如，祕勤局逮捕了五十一歲的賓夕凡尼亞州上聖克萊兒鎮居民艾克史多姆（Barry Clinton Eckstrom）。因為祕勤局探員接獲報告說他發送威脅的電子郵件，一查果然看到他在匹茲堡地區某公共圖書館，寫了一封電子郵件發送出去。他寫說：「我痛恨也看不起布希總統這小子！我會在六月他父親過生日時宰了他。」艾克史多姆被判兩年徒刑，出獄後還要接受兩年的監視。

如果白宮方面有狀況，聯合作業中心可以遙控白宮裡裡外外裝設的監視攝影機觀看現場。任何送到白宮的威脅信、或打進白宮的威脅電話都會交給祕勤局。大部分威脅者是用傳統信件向總統威脅，少有用電子郵件或電話威脅。潛在的刺客光是發出恐嚇信就很有滿足感。他們以為如果寄出恐嚇信，總統就會親自讀到！

如果是匿名信，祕勤局鑑識處會檢查指紋，分析筆跡和墨水，拿它和「國際墨水圖書館」裡的九千五百種墨水樣本比對。大部分墨水廠商還挺配合的，乾脆加上標籤，祕勤局更容易追蹤查察。每一種樣本的特徵都存進數位資料庫。技術人員試圖以墨水和其他恐嚇信比對，看能不能追出源頭。他們也會掃描恐嚇信找尋ＤＮＡ。

祕勤局維安情報及評估處會根據威脅的嚴重性把這些人分門別類，列入檔案。有位探員說：「我們有一套分類模式。這傢伙是不是受過軍事訓練、槍械訓練？有沒有精神疾病病史？他有多大能力執行其計畫？你必須依據對當事人的訪談來判斷這些事，然後評估威脅的嚴重程度。」

第三級威脅最嚴重。將近一百人登上這份黑名單。這些人經常受到查察。法院授予祕勤局極大的行動自由處理對總統的即刻威脅。

有位探員說：「我們會每三個月訪談嚴重威脅者，並且訪談他們的鄰居。如果我們覺得他非常危險，我們幾乎會天天監視他的行動。我們會檢查他的郵件。如果他被關在精神病院或監獄，那麼他出院或出獄的時候我們會立刻接到通知。」如果他被關在精神病院或監獄但獲准回家探親，「我們也會得到通知。我保證一定有一輛車在他家附近守著，確定他有回到家裡。」

維安情報及評估處主管寶拉・芮德（Paula Reid）說：「如果電話打進來，或是信寄進來，即使是暗示性的威脅，我們都要追查到底；直到我們非常肯定究竟是要停止調查，還是要繼續長時間跟監當事人。」

如果總統要到某個城市，而這裡有第三級威脅者沒被關在牢裡或精神病院，祕勤局會在總統到訪前登門拜訪這個人。情報小組先遣人員會問他是否計劃外出？若是外出，要到哪裡？他們會監視此人的住家，若是他外出則加以跟蹤。

即使第三級威脅者被管束監禁，情報小組先遣人員也會去拜訪，絕不掉以輕心。

前任探員阿布拉克特（William Albracht）說：「如果他們沒被關起來，我們會去拜訪他們、盯緊他們。由於你每三個月都去訪視，看看他們究竟怎麼了，大家其實也都熟了。我們會敲敲門，說：『佛瑞迪啊，近來如何？總統最近要來耶；你有什麼計畫？』我們最想聽到的是：

『我會離得遠遠的。』」

「探員就會說：『你猜怎麼著，我們會盯住你，所以請你記住。千萬別想到總統要去的地方，因為我們就跟在你背後，陰魂不散。你往哪兒去，我們就往哪兒去。我們會一直和你保持聯繫，也會曉得你的一舉一動。別說我沒告訴你喔。』」

辛克萊（John W. Hinckley）仍被列為第三級威脅者。法官對他一九八一年三月開槍打傷雷根總統、白宮新聞祕書布瑞迪、祕勤局探員麥卡錫與華府警員德拉漢提的犯行，都以他精神不正常的理由判決他無罪。此後他就被關在華府的聖伊莉莎白醫院。但是，辛克萊偶爾會被允許離開精神病院，回維吉尼亞州威廉斯堡老家探視母親。如果他要到華府，他的家人要向祕勤局報告，探員們可能會監視他。

和第三級威脅不同的是，第二級威脅者發出恐嚇，但顯然沒有能力付諸實行。

一個探員說：「他可能缺了某個要素。好比說他自認可以殺掉總統，也發出恐嚇，但是他四肢癱瘓。」

第二級威脅者通常包括一些被關在牢裡或精神病院的人。在州立監獄裡流傳一個居心叵測的謠言，說是如果受刑人威脅總統，犯了聯邦罪被判刑，就會被移到聯邦監獄服刑，而聯邦監獄的環境大體上都比州立監獄好。因此之故，祕勤局經常碰到受刑人發恐嚇信的案件。譬如說，因威脅某個監獄官員而在休士頓的州立監獄服四年徒刑的二十七歲男子查德威

（Gordon L. Chadwick），於二〇〇八年十一月威脅要殺害小布希總統。如同查德威這個案子，因威脅總統而需在聯邦監獄坐的牢，要在州立監獄原本的刑期服滿之後才執行。

另一個州立監獄受刑人又發出恐嚇信給小布希之後，祕勤局探員跑來訪視。探員開了三小時的車才到達監獄，見到了他。探員問道：「你曉不曉得為什麼我大老遠跑來找你？」

這名受刑人說：「是啊，我什麼時候會移監到聯邦監獄去？」

他又說，他希望能「看看鄉村景色」，由於他目前已在服無期徒刑，移監是看景色的最佳機會了。探員告訴他，那也得等他先服完州立監獄的刑期後，才會轉移到聯邦監獄服聯邦罪刑呀！這名男子說：「咦，怎麼我聽到的是，威脅總統是被移監到聯邦監獄的捷徑？」

這位探員說：「我差點沒把他當場勒死！」

第一級威脅者是威脅程度最不嚴重者，可能只是在酒吧裡醉言醉語，說要殺害總統。

一位探員說：「你一約談他，他是絕對沒有意願要執行這個威脅。探員們評估之後得到的結論是：『沒錯，他講了一些蠢話；沒錯，他犯了聯邦罪。但是我們不會起訴他。』你必須運用你的裁量權，做出最好的判斷。」

很多情況下，光是祕勤局探員登門拜訪就足以讓人三思，不敢動手行凶。一九九九年元月，教宗若望．保祿二世到聖路易市訪問，負責維安保護的祕勤局接獲報告，有一名男子開著一輛露營車在街上跑，車子兩邊有「教宗該死」、「教宗是魔鬼」的字樣。

根據目擊者報告的車牌號碼，祕勤局找到一個地址，原來是這個男子母親的家，而且離聖路易市不遠。

祕勤局探員登門拜訪，男子的母親說她兒子開車往蒙大拿州西部山區卡里斯培爾（Kalispell）附近，找他哥哥去了。

駐地探員賈維斯（Norm Jarvis）於是開車前往卡里斯培爾一帶。這片森林地帶面積極大，而這種山區住家哪裡會有門牌地址！賈維斯祈禱地方警察可以指點他該從哪邊開始找起。

賈維斯說：「我在路上開著車，真是無巧不成書，得來全不費工夫。迎面而來就是這輛露營車。」「教宗該死」、「教宗是魔鬼」赫然就在車身兩側。駕駛人也符合嫌犯相貌。賈維斯真不敢相信有這種狗屎運。

賈維斯說：「我立刻掉轉車頭，打開閃燈，響起警笛。我趕到他車旁，揮手示意他停車。」此人的太太就坐在旁邊。賈維斯開始問話。他說他住過精神病院，目前沒有服藥。他沒有武器。賈維斯研判他沒有能力傷害教宗，因此列入第二級威脅。賈維斯拍下他的照片、印下指紋。他警告男子不得接近聖路易市，也建議他去找醫生。

賈維斯打電話向總局報告訪談嫌犯的經過，以及他的初步發現結果。幾天後他打好書面報告，再打電話向總局值星官說報告就要寄出了。

賈維斯說：「他告訴我，這傢伙用他哥哥的手槍自殺身亡了。他哥哥報案說，他和我談話後十分害怕，決定結束生命。他覺得他逃不出魔鬼的手掌，魔鬼一定會找上他。接著他就舉槍自殺了。」

5. 探照燈

如果說詹森是個失控的人物，那麼尼克森及其家人便是祕密勤務局眼中最怪異的保護對象。代號「探照燈」(Searchlight)的尼克森跟詹森一樣，不和太太同寢共眠。但是他和詹森不同的是，詹森會和第一夫人討論他碰上的問題，請她幫忙出出主意，尼克森則似乎和夫人佩特(Pat)毫無關係。

有位祕密勤務局探員說：「(尼克森)他從來沒牽太太的手。」

還有一位探員記得有一回陪尼克森、佩特及兩位千金，在他們加州聖克里門住家附近打九洞高爾夫。他說：「整整一個半小時內，尼克森一聲都不響。除非是討論議題，否則尼克森無法和人交談互動……尼克森永遠在算計，算計他的言行效應。」

民眾不知道代號「星光」(Starlight)的佩特是個酒鬼，嗜喝馬丁尼。尼克森的一名隨扈探員說，尼克森倉皇辭職、回到聖克里門老家後，佩特「大部分時間渾渾噩噩。她根本記不清楚大小事情」。

尼克森的另一名隨扈探員說：「我派駐聖克里門時，有一天輪到一個朋友當班，他聽見灌木叢傳來悉悉嗦嗦的聲音。當年有很多非法移民從海灘登岸，想要偷渡入境。你根本不曉得是不是有人在宅邸附近出沒。」

另一名探員「抄了一把獵槍前往查看，發現佩特雙手雙膝爬在地上，找不到回家的路」。這名探員說，佩特「日子過得很辛苦。尼克森像個悶棍子，難得講話。他放輕鬆的時刻就是李伯卓（Bebe Rebozo）和阿布拉納普（Bob Abplanalp）等朋友過來和他一起喝酒」。

尼克森經常到阿布拉納普位於巴哈馬的大島礁別墅休息。

有位前任探員說：「我讓你瞭解他的運動本事有多高好了。他喜歡垂釣。他坐在阿布拉納普那艘五十五英尺的遊艇後頭，手持釣桿，端坐在旋轉椅上。阿布拉納普的手下替尼克森上餌、拋出釣鉤。尼克森雙手緊握釣桿，不動如山。若是魚兒上鉤，底下的人會替他收桿、取下魚、投進桶裡。尼克森什麼也不用做，光是看著。這叫做釣魚！」

另一名前任探員說，水門事件期間，「尼克森沮喪透了，無法執行總統的職責。真正當家管理國政的是（尼克森的幕僚長）哈德門（Bob Haldeman）。」

在華府經營好幾家理髮廳的皮特（Milton Pitts），會到白宮西廂地下室的理髮室替尼克森剪頭髮。

皮特告訴我：「尼克森話很少。他想知道老百姓在說些什麼。理髮室裡有一臺電視機。但是他從來不看電視。其他的總統都會看電視。」

水門事件鬧得沸沸揚揚，尼克森會問皮特：「他們今天是怎麼說我們的呢？」

皮特會說他那天太忙，沒注意聽新聞報導。

皮特說：「我不想介入人家怎麼說。我也不想講讓他不痛快的事情。他是老闆嘛！」

有一天下午，白宮幕僚巴德斐（Alexander Butterfield）先尼克森一步進來理髮，他就是後來揭露有所謂尼克森錄音帶存在的人。巴德斐指指電視機，告訴皮特說：「別關掉它。我希望他（尼克森）瞧瞧人家怎麼說我們。」

皮特說，可是尼克森一進入理髮室，「一伸手就關掉電視，問說：『他們今天是怎麼說我們的呢？』我說：『總統先生，我今天沒怎麼注意聽新聞耶。』」

有個祕勤局探員說，水門醜聞越演越烈，「尼克森十分驚惶。他不曉得該相信什麼話，或信任什麼人。他認為大家都跟他說謊。」

水門醜聞爆發之前，尼克森不太喝酒；但是壓力越來越大，他開始頻頻喝酒。

一位探員說：「他的酒量只有一、兩杯。他不會爛醉，但是你看得出來他無法完全控制自己。他會放鬆自己，開始多話、微笑。這完全不像他平常的舉止。但是，只要兩杯黃湯下肚，他就會變成這樣。他每隔一天晚上就會喝酒，但總是在辦完公事之後才在官邸喝酒。你絕對不會看到他在公開場合酒醉失態。」

錄音帶裡頭的尼克森喋喋不休，其實私底下的他不太說話；不過，他也不是沒有幽默感。有一次在大衛營度週末後，尼克森和佩特走出木屋，預備坐上祕勤局準備的轎車去搭總統專用直昇機「陸戰隊一號」。

有位尼克森的隨扈說：「祕勤局探員預備出發了。負責開車的探員做最後檢查，確定暖氣已經調好。尼克森和佩特停下來講話。司機卻誤碰喇叭。尼克森以為司機不耐久等，趕緊說：『我馬上就上車。』」

有一天下午，尼克森在聖克里門寓邸邊看電視，邊餵狗吃狗餅乾。探員李巴斯基（Richard Repasky）說：「尼克森拿起一塊狗餅乾，打量了一下，竟然咬了一口狗餅乾。」

尼克森即使到海灘散步也穿著西裝——他的西裝清一色全是海軍藍——以及正式皮鞋。即使是夏天，他也堅持壁爐一定要升火。有一天在聖克里門寓邸，尼克森替壁爐升火，卻忘了打開煙囪的排煙孔。

當時在總統隨扈隊服務的一名探員說：「煙向房裡反竄，兩名探員跑來救主。」探員甲問探員乙：「你看到他了嗎？」

探員乙說：「不！我沒看到那個龜兒子！」

臥室那頭傳來：「龜兒子正在這裡找一雙襪子穿啦！」尼克森自己拿自己開心。

還有一名探員永遠忘不了尼克森在聖克里門寓邸庭院接待越戰回國戰俘的情景。他說：「有位戰俘畫了一系列河內戰俘營景象的畫，畫得真棒。他送給尼克森一幅畫。當天晚上，曲終人散，尼克森要回屋內。一名助理請示尼克森：『您要我怎麼處理這幅畫？要不要擡進屋裡？』」

尼克森說：「把那玩意擺到車庫去吧！我不想看到它。」

這個探員說，他聽到的時候不禁搖頭，心想：「你才和這些人有說有笑，握手、拍照，其實一點也不關心他們，全在作戲！」

尼克森的隨扈探員溫德里克（Dale Wunderlich）說：「從星期一到星期五，每天下午十二點五十五分，尼克森一定準時出門打高爾夫。即使下大雨，他也堅持照打不誤。」

有時候，尼克森的愛婿大衛．艾森豪（David Eisenhower，他是艾森豪總統的孫子）會陪岳父打球。祕勤局探員公認這位少爺在他們保護的對象當中，是最「天兵」的一個。有一天，岳父母送他烤肉爐當聖誕節禮物。乘著尼克森夫婦在他家，艾少爺決定動用烤肉爐烤些牛排招待岳父母。搞了好一陣子，他跟溫德里克說：這個烤肉爐有問題，點不了火。

溫德里克說：「他把一袋炭放進爐子，點起火柴，放在炭上面。他不曉得要用點火器。」

還有一次艾少爺問另一位探員：「你懂不懂車庫自動門？我需要你幫幫忙。我已經裝了兩年，可是燈老是不亮。不是車庫門一打開，燈就會亮嗎？」

探員說：「會不會是燈泡燒了？」

艾少爺說：「喔，是嗎？」

探員一檢查——根本沒裝燈泡嘛！

另一位探員說：「有一段時候總統接到許多威脅，我們便加強維安措施，也開始派人保護正在華府喬治華盛頓大學法學院唸書的大衛．艾森豪。他的座車是一輛紅色福特小馬（Pinto）。有一天他下課後，開車到喬治城一家超級市場買東西。有一個女人也開一輛紅色小馬，停在艾少爺車子附近。四十五分鐘後他從超市出來，把買的東西擺進別人的小馬汽車，試了一兩分鐘，就是發動不了車子。此時，這位女士出來了，她大聲尖叫：『你在我車子裡幹什麼？』」

艾少爺堅稱：「這是我的汽車。我發動不了。」

女人說她要報警了，他才悻悻然下車，望著她發動汽車，揚長而去。

探員說：「他還是不明白怎麼一回事，望著我們。我們指指他的汽車。他上了車，若無其事開走了。」

後來，艾少爺買了一輛全新的奧斯摩比（Oldsmobile），預備從加州一路開回賓夕凡尼亞州，去探望祖母瑪米．艾森豪（代號「春天」）。開到鳳凰城，新車拋錨了。艾少爺打電話給本地經銷商求救，他們說翌日早晨會把車子修好。在汽車旅館住了一夜之後，艾少爺去取車。經銷商說問題已經解決了：之前汽油用完了，加滿就可以。

尼克森垮臺之前，他的副總統安格紐（Spiro Agnew）被控接受十萬美元現金賄賂。安格紐是在擔任馬里蘭州公職及副總統時受賄，他同意放棄抗辯、辭職下臺，於一九七三年十月十日黯然離職。

外界不曉得的是，一向高唱家庭價值、不隱諱討厭自由派媒體態度的安格紐，雖然已有家室，在職期間也有婚外情。一九六九年底某天上午，安格紐要他的五人隨扈小組送他到華府西北區十六街九二三號，即今著名的聖瑞吉士旅館。

有位探員說：「我們送他走後門，進到四樓一個房間。他要我們讓他自己在那裡待三個小時。小組長曉得他要和某個女人幽會。」

探員們退到白宮大門對面、離旅館兩條街的拉法葉公園待命，三小時後再回去接副總統。這位探員說：「他看起來有點尷尬。把他放在沒有維安保護的地點也違反安全作業規定。身為隨扈，我們也很尷尬，因為我們幫助他偷情呀。我們覺得自己像馬伕。事後碰到他太太，我們都不敢直視她的眼睛。」

除了這次，安格紐和一名身材曼妙的黑髮女部屬也有戀情。一名前任探員透露，安格紐出外旅行、投宿旅館，一定要把她安排在隔壁房間；這個女子與安格紐的女兒年紀相若。

很諷刺的是，與隨扈相處頗為融洽的安格紐早早就向隨扈表示關切，詢問他們是否會把他的事洩漏給外人知道。事實上，探員們固然彼此間會交換一些保護對象的八卦，但通常祕勤局探員比中央情報局和聯邦調查局的探員口風緊得多。

祕勤局十分重視探員洩漏保護對象私生活訊息的紀律，原因是保護對象若認為隱私被侵犯，可能就不讓探員太接近，這麼一來祕勤局又怎能貫徹維安任務？

固然保有隱私權是合理的要求，但是想爭取高階職位的人士也應該預期會受到高程度的檢驗，要為有違公共形象的個人失檢行為負責。如果他們想過雙面人生活，就不應該擔任公職，而不是期待祕勤局替他們掩飾。尤其是總統或副總統搞婚外情的話，更容易授人以柄，成為勒索的目標。如果低階的聯邦公務員有外遇，連安全檢查都過不了關。

前任祕勤局探員拉森（Clark Larsen）說：「如果你想擔任這個職位，言行舉止和私生活就要經得起隨這個職位而來的檢驗。」

另一位前任探員說：「只要想到自己的所見所聞，看到民眾對這些名流人物的信心，就不免搖頭浩歎。他們可能比一般老百姓還不堪咧！」他又說：「美國人對總統的職位抱持太多理想，視之為典範。殊不知，在很多狀況下，這和事實相去何止十萬八千里……如果我們仔細注意他們過去的紀錄，其實線索俱在。但我們似乎自己矇上眼睛，不去看它們。」

尼克森和詹森的人格瑕疵，導致他們判斷失當，造成水門醜聞，以及在美國國家安全未受威脅的情況下堅持打毫無成果的越戰。選民往往會忘記，總統也是人。如果他們精神失常、淫穢或偽善，也會反映在他們的判斷和工作表現上。

如果我們的朋友、水電工或求職者過去有不道德的行為，說謊，或是像詹森和尼克森那樣的精神失常行徑，恐怕很少有人會願意和他打交道。可是，碰上了總統和其他政客，選民卻經常忽視他們品格的瑕疵，反而注重他們在電視上的表演能力。

你無法想像身為美國總統所要承受的壓力有多大，以及權力又是如何容易使人腐化。美國總統是全世界最強大國家的三軍統帥，只要一聲令下，空軍一號就能把他送到任何地方；任何人有求於他，大部分都可實現；他的行動會影響數以百萬計人類的性命。如此重責大任，只有性格非常穩定、價值觀十分成熟的人，才有辦法承擔。光是邀個朋友來參加白宮宴會，或讓祕書撥電話、宣布「白宮來電話」，對於常人的影響是那麼的大，因此總統和白宮助理都必須念茲在茲，提醒自己責任重大。

在所有特權當中，最具誘惑力的莫過於住進有一百三十二個房間的白宮。最微不足道的事都有僕役二十四小時待命負責完成。洗衣、清潔、購物，統統有人打理。白宮有三個廚房，廚師供應的膳食品質不遜第一流的餐廳。

如果第一家庭成員想要每天在床上用早餐——詹森就是如此——沒有問題。點心師傅負責聖誕節餅乾到巧克力蛋捲等等甜點。如果第一家庭願意，可以夜夜笙歌、辦宴會。由五名書法專家手工親寫請帖，誰會不識相不來呢？至於要用什麼樣的瓷器碗盤，有許多之前的第一家庭訂製的十九件式餐具可供選擇。例如雷根時代紅邊鑲金框的餐具，或詹森時代配有總統璽印和細緻野花圖案的杯盤。

每個房間都擺置鮮花；玫瑰花園和賈桂琳．甘迺迪花園更是繁花似錦。

擔任過甘迺迪總統助理的前任國家精神健康研究院院長布朗（Bertram S. Brown）說：「白宮是個考驗性格的坩鍋。它若非鍛造出品格，就是扭曲了性格。平常人很少有人願意接受這種煎熬來競選此一職位。」布朗是位知名的精神醫學家，執業時見過許多華府高層政治人物和白宮助理。「這些人有許多只知追求表面的名氣。他們空洞、虛偽，沒有原則，只知拚命要當選。即使是心智正常的人，一旦當選了總統，貴為全世界最有權勢的人，每天過著有若皇帝的生活，又要如何保持真我和一定程度的謙虛？決定他做為總統成敗的，不是他過去的成就，而是此人性格的真實力量。」

因此，除非總統原本就品格高尚，否則這個職位的沉重擔子，以及周遭的奉承諂媚，無可避免將導致災難。由於上述原因，選民有權利看清楚他們的領袖之品格。

6. 達洛

幾乎每天都有人跑到白宮門口求見總統，或滋擾生事而必須由祕勤局制服處員警出面處理。每年平均有二十五至三十人會試圖開車衝撞白宮大門、翻爬八英尺高的強化鋼牆、開槍硬闖、在門口自焚，或引起其他騷亂等等。在白宮周遭滋擾事端的人，大部分精神不正常。

前任探員道寧（Pete Dowling）說：「和有人想貼近總統的原因相同，白宮就像磁鐵一樣會吸引精神病患。總統是個權威人物，許多精神異常的病人認為政府朝他們傳布射線，干擾他們的思維過程。政府的最高象徵是什麼？白宮嘛！因此有很多這種人跑到白宮門口，表示要見總統。」

一位前任制服處員警說：「白宮吸引這些我們稱為『精神觀察怪物』的傢伙。有時候幾乎每天都有我們稱為白宮族的人跑來說：『喂，喂，我要求和總統談一談。我兒子現在在伊拉克，這都是他的過錯。』」

制服處員警和探員不一樣，只要有高中學歷就可應聘。他們也沒有祕勤局探員的訓練和經歷要求。如果要申請這份工作，他們必須具備美國公民身分。就職時必須年滿二十一歲，且不得超過四十歲。他們必須有健全的體格、不戴眼鏡的視力值在20／60以上。除了通過身家調查之外，還必須通過藥物及測謊檢查。除了守衛白宮之外，制服處員警也負責外國大使館的安全警衛。

為了保護白宮或在慶典場合提供安全警衛，制服處設置了警犬單位。警犬大部分是比利時馬林諾斯犬（Malinois），大多受過嗅聞炸藥和攻擊入侵者的訓練。這個品種外表很像德國牧羊犬，但一般認為牠們的活力更為旺盛、也更有警覺心。每一隻受過訓的警犬，祕勤局要支付四千五百美元，局裡共有七十五隻。

警犬站在一塊白色水泥板上，待命檢查來到白宮西南門的車輛。這塊水泥板夏天有冷卻設備，以防警犬的腳掌太燙。每隻警犬每天約需檢查一百輛汽車。

我被帶到祕勤局總局地下停車場，參觀警犬小組作業實況演練。技術人員很驕傲地介紹一頭八十七磅重、棕色的比利時牧羊犬達洛（Daro）。有一個金屬罐裝了炸藥，藏在烘乾機背後隱蔽的地方；烘乾機是用來烘乾總統轎車的洗車布巾。因為炸藥並沒有真正連上接頭，所以才可以帶進總局供這場實況演練使用。

達洛從車陣中亮相，走走嗅嗅。然後牠來到烘乾機前，停住、坐正。有些嗅查炸藥的警犬這時候會吠叫，但是達洛被訓練為坐正。牠任務成功之後得到的獎賞不是一般的狗食物，而是一顆紅色硬式塑膠球，讓牠咬得稀爛。

警犬每個月要認證一次。新進警犬要送到祕勤局在馬里蘭州勞瑞爾市的訓練中心，接受為期十七週的訓練，並且要和牠的管理師配對，建立夥伴默契。警犬原先已經經過相當訓練，但是祕勤局再予以加強訓練，尤其是炸藥偵測，以及事故緊急應變（如有人企圖翻牆闖入白宮）。

一名祕勤局探員說：「有人企圖翻牆，你立刻就會知道。我們在（離人行道）六英尺處裝設電眼和地面感應器，二十四小時監控。它們可以感知行動和重量。紅外線偵測器則裝在比較靠近房子的地方。每一個角度都有攝影機監控錄影。」

制服處員警和制服處的緊急應變小組（ERT）配備P90衝鋒槍，是第一道防線。

一名探員說：「如果有人跳牆，緊急應變小組一定會立刻抓到他們，有警犬相助，或靠自己都行。他們對警犬下達命令的話，警犬可以撲倒體重兩百五十磅的男子。牠會制住對方的要害，讓他無法動彈。制服處的反狙擊手小組一向都會掩護牠們。」

嫌犯若是身懷武器跳牆進入，可能會受到警告丟掉武器。如果他沒有立刻服從指令，祕勤局奉命要迅速撂倒他，不會讓他有挾持人質的機會。

聯邦調查局探員為了研究犯罪行為人的基本樣態，在狄皮優（Roger Depue）博士的領導下，訪談在獄中的一些行刺犯和行刺未遂犯；其中包括殺害羅伯・甘迺迪的沙漢・沙漢（Sirhan B. Sirhan），以及企圖行刺福特總統但都沒有成功的「尖嗓子」佛洛美（Lynette "Squeaky" Fromme）和莎拉・珍・摩爾（Sara Jane Moore）。

聯邦調查局的分析員發現，近年來的刺客大體上是精神不穩定又渴望出名的人。在許多案例上，刺客都有寫日記的習慣，以增加他們行為的重要性。和許多跟蹤名流的人一樣，刺客往往也很偏執、不信任別人。

有一位參與訪談的分析員道格拉斯（John Douglas）後來寫了一本書《執迷》（*Obsession*），他在書中寫說，這種人「通常很孤僻、在別人面前無法放輕鬆、沒有社交互動技巧」。道格拉斯又說，他們通常在日記中詳細記載他們的想法和幻想，「不斷和自己對話」。在動手行凶前，這些人幻想「這件大事將徹底證明他不同凡響，他的確是一號人物。它賦予他目標和認同」。因此，刺客罕有逃跑的計畫，他們經常希望會被抓到。

沙漢在獄中接受訪談時告訴分析員雷斯勒（Robert Ressler），他聽到聲音要他去暗殺羅伯・甘迺迪。有一次，他邊照鏡子邊說他覺得自己的臉裂開，跌碎一地。雷斯勒在他的書《和怪物作戰的人》（*Whoever Fights Monsters*）中說，兩者都是妄想型精神分裂症的癥狀。

沙漢用第三人稱稱呼自己。沙漢是出生在耶路撒冷的阿拉伯人，雙親都是基督教徒。他問雷斯勒，聯邦調查局官員馬克・費爾特（Mark Felt）是不是猶太人（費爾特日後承認自己是水門事件中著名的藏鏡人「深喉嚨」）。他說，他聽到羅伯・甘迺迪支持銷售更多噴射戰鬥機給以色列。沙漢告訴雷斯勒說，幹掉羅伯・甘迺迪之後，他相信可以剷除一個可能親以色列的總統。

辛克萊試圖暗殺雷根總統時，聯邦調查局華府分局向局裡的犯罪分析員求助。祕勤局職掌的是總統的維安工作，聯邦調查局則負責調查暗殺及暗殺未遂罪。

道格拉斯和雷斯勒先前便已確認出殺手的典型特徵。根據這個研究，雷斯勒告訴聯邦調查局，辛克萊一定會幻想自己是個重要的刺客，會替自己留下照片以供歷史書採用，會在日記或筆記本中記載他的活動，也會留下行刺的相關材料，還會錄音記下他的籌畫。探員們利用這些建議撰寫對辛克萊住處的搜索令，也找到了雷斯勒所形容的一切東西。

有時候，有心行凶的人覺得白宮安全戒備森嚴，會轉向國會山莊動手。魏士登（Russell E. Weston）一九九八年七月二十四日即在國會山莊開槍濫射。魏士登開槍打死駐衛警員切斯納（Jacob J. Chestnut），從東邊穿過通道，進入國會山莊。接下來，魏士登推開通往多數黨黨鞭、共和黨籍德州眾議員狄雷（Tum DeLay）辦公室的一道側門。他又開槍打中另一名警官吉普森（John M. Gibson）。吉普生開槍反擊，也打傷魏士登。

這兩名國會駐衛警員都喪生了。田納西州共和黨籍的參議員傅利斯特（Bill Frist）本身是醫生，急急忙忙趕過來協助救活了魏士登。

幾個星期前，魏士登曾經打電話給他所住的蒙大拿州祕勤局辦事處。他和探員賈維斯通話時，聲稱他是甘迺迪總統的私生子，有權繼承甘家交付信託的一部分財產。

賈維斯回憶說：「我問他是否受到任何政府人員的威脅？他對總統有什麼看法？現在為什麼不痛快了？因為精神病患都有這些癥狀。也不曉得是什麼東西觸動他們，他們就發作了。」

魏士登沒有表示對總統（當時是柯林頓）有什麼不爽。但是前幾年他曾寫過一封夠不上威脅、卻挺困擾的信給總統。因此，賈維斯上一任的蒙大拿探員史考特（Leroy Scott）曾經找他談過話。當時史考特的結論是，魏士登威脅不了總統。他後來也和魏士登建立來往關係——好探員都會這麼做。

賈維斯說：「魏士登只要不爽什麼，三不五時就會打電話向史考特傾吐。史考特簡直成了他的心理諮商專線了。我們在工作過程中都會結交幾個精神病患。有時候你會接到遠在千里之外的另一名探員來電，查詢某某人的背景資料。某個再三惹嫌疑的精神病患身上有張探員的名片，也不稀奇。他們又被找去問話時，也會拿出探員的名片。」

國會山莊槍擊事件後，祕勤局探員找到魏士登錄下他和賈維斯談話的一捲錄音帶，賈維斯因此得以檢討自己早先的做法。他捫心自問，覺得還是沒有別的更好的方式可以處理。槍擊事件後，魏士登被送進北卡羅萊納州洛利市（Raleigh）附近一家聯邦精神病院監禁。

如果有人在白宮滋事，祕勤局探員會扣留他，帶到十三街和L街口的華府分局或大都會警局問話。探員們絕不會把他帶到靠近白宮的地方。可是，蘇士金（Ron Suskind）在他的《世界是如此：極端主義時代的真相和希望》（*The Way of the World: A Story of Truth and Hope in an Age of Extremism*）書中卻敘述康乃迪克學院畢業的巴基斯坦國民烏斯曼・柯沙（Usman Khosa）的一段際遇。

依據蘇士金的敘述，二〇〇六年七月二十七日，柯沙悠閒地散步經過白宮附近，手上玩的iPod正在播放阿拉伯音樂。突然間，一名「身材高大的制服警員」擋住柯沙，對他大聲吼叫。

這名員警大喊：「背包！」一邊把柯沙推靠在財政部大樓（位於白宮附近）的門上，然後一把搶走柯沙的背包。其他的祕勤局制服警員把他團團圍住。蘇士金在第一章中寫道：「另一名警員騎著自行車，也不曉得從哪裡冒出來，一把扯開背包，把裡頭的東西倒在人行道上。」

據說，祕勤局人員押著任職於國際貨幣基金的柯沙，從邊門帶進白宮。

蘇士金寫說：「探員們押著他穿過邊門安全哨，下樓，沿著地下室甬道走進一間房間，一路上都不說話。這間水泥牆房間有一張桌子、兩張椅子、一盞只有一顆燈泡的吊燈，牆上還有監視攝影機。即使剛才已經有太多令他驚愕的事情，柯沙還是不敢相信白宮地下室竟然有一間又暗、又濕、又可怕的審問室。」

已經嚇壞了的柯沙被問到，他是否和「札瓦希里先生這一類」的人物勾結。札瓦希里全名阿曼．札瓦希里（Ayman al- Zawahiri），是賓拉登（Osama bin Laden）的副手。蘇士金宣稱，同一時間，小布希總統就在一層之隔的樓上聽取報告。

蘇士金接受媒體訪問時說，「這真是淪入地獄的一天，」但是柯沙顯然根本沒注意到任何員警的名字——通常他們襯衫上面都別了名牌。

任何一個熟悉維安與執法作業的人都曉得，如果某人在白宮門前鬼鬼祟祟，祕勤局最不想帶他去的地方就是白宮。這個人說不定身上綁了炸彈。即使徹底搜身了，誰曉得他衣服上會不會有致命的病原？如果柯沙的故事還不夠令人難以置信的話，蘇士金還聲稱，柯沙同意跟祕勤局人員走，是因為他們答應他，可以讓他打幾個電話。

蘇士金引述柯沙當時的說法：「然後，我保證我會跟你們走。」

據蘇士金的敘述，柯沙打電話給巴基斯坦駐美大使館、朋友和家人。祕勤局竟然會放心，相信柯沙不會打給可能的同黨，或是以遙控方式引爆炸彈？

橢圓形辦公室底下的房間，編號W16，不僅不是「又暗又濕」、只有一顆燈泡的吊燈，它有明亮的日光燈。它是祕勤局探員待命的地方。探員們在房裡用電腦寫報告。他們還存放正式服裝，以備當天晚上宴會值勤時使用。這個房間有全身的大鏡子，方便他們注意儀容。

柯沙不願置評。蘇士金則告訴我，在為他的書進行研究時，他找了祕勤局一位女性發言人訪談；她翻遍紀錄，找不到有關柯沙的任何檔案。蘇士金引述她的話，她說：如果某人「進來又出去，而我們卻沒找到永久紀錄」，也不是不尋常的事。

針對祕勤局是否會把可疑人物帶進白宮這個問題，蘇士金告訴我：「他們只是圖個方便罷了。白宮離他們在街上盤查他半個小時的地方，只有一街之隔。」那麼，炸彈和病原又要怎麼說？蘇士金說：「他們檢查過了。」

我又問為什麼他書中不提祕勤局沒有關於盤問和拘押柯沙的檔案紀錄呢？蘇士金說，他不認為這是「相干」的。

祕勤局主管政府及公眾事務的唐諾文，被問到對蘇士金的敘述有何評論時，他告訴我：「我們沒有這件事或這個人（柯沙）的紀錄。」他又說：「把人帶進白宮盤問，違反標準的安全作業程序。我們不會把『可疑的人』、可能的犯人、犯人，或任何未經恰當檢查的人，帶進白宮。」

7. 通行鑰匙

和尼克森不同，祕勤局探員覺得代號「通行鑰匙」的福特是個正人君子，也珍惜他們的服務。但是探員們對於福特的小氣程度也很驚訝。擔任他隨扈的一名探員說，福特卸任總統後，「住旅館要讀報紙，他就走到櫃檯索取。他身上不帶錢，如果沒有幕僚陪同，就跟探員要錢。」

這位探員記得，有一次福特住進紐約時尚的皮耶飯店。服務生把福特行李裝滿推車，送進房間。

這位探員說：「服務生卸完行李後，手裡拿著一塊錢美鈔走出房門，嘴裡用西班牙語咒罵。」

福特卸任後，定居在幻象農莊（Rancho Mirage）。另一名探員說：「他到一個十分高級的鄉村俱樂部打球，通常那裡付給桿弟的小費是二十五元至五十元。福特如果打賞小費的話，一塊錢！」

一九七五年九月五日，福特總統來到加州首府沙加緬度，於元老大飯店（Senator Hotel）門口正與歡迎群眾握手時，綽號「尖嗓子」的女子佛洛美拔出一把點四五口徑柯特手槍，向他射擊。旁觀者說，福特笑瞇瞇和群眾握手，突然間面如土色、瞪著僅在幾英尺之外的一把手槍。

福特後來說：「我看到前排幾個人背後有一隻手舉起來，顯然手上有一把槍。」祕勤局探員布因鐸夫（Larry Buendorf）已經注意到有一名女子跟著總統。佛洛美開槍那一剎那，布因鐸夫衝到福特身前擋住。他還抓住手槍，把她扭倒在地上。後來判定，她有扣扳機。萬幸的是，槍膛裡沒子彈，可是槍枝彈匣裡有四發子彈。佛洛美後來聲稱，她刻意把子彈從槍膛取下，她還帶探員到她家找出子彈。

佛洛美是查爾斯．梅森（Charles M. Mason）的信徒，而梅森又是以宗教儀式殺害女影星莎朗．泰蒂（Sharon Tate）和其他六個人被判定有罪的祕教首腦。企圖行刺之前兩個月，佛洛美曾發出一份聲明，宣稱收到梅森的信，信中指責尼克森讓他被判刑坐牢。

佛洛美行刺事件才過了十七天，福特總統步出舊金山聖法蘭西斯飯店（St. Francis Hotel）時，四十五歲的政治狂熱分子莎拉．珍．摩爾從四十英尺外，以點三八口徑左輪槍朝他射擊。

槍聲響起，福特神色大變，面色如土，雙膝顫抖。

肢體殘障的前陸戰隊員希波（Oliver Sipple）是越戰退休軍人，剛好站在行凶者旁邊。她開槍的時候，希波把她的手臂往上推。福特彎腰閃躲，子彈從他頭上幾英尺飛過。子彈碰到旅館的牆，彈跳傷到人群中一個計程車司機。

祕勤局探員彭迪士（Ron Pontius）和莫勤德（Jack Merchant）迅速把摩爾推到人行道，當場逮捕。民眾驚慌尖叫聲中，隨扈已把未受傷的福特推上轎車，用身體護住他。

摩爾在旅館外頭等候福特已有三個多小時。穿寬鬆長褲和藍色雨衣的摩爾，始終把手插在口袋裡。有時候探員會要求民眾把手抽出口袋，但是這次由於她周圍擠了不少人，探員沒注意到她。

摩爾是迄今唯一一位在行刺之前就已列名祕密勤務局刺客虞犯名單的行凶者。行凶前兩天，摩爾打電話到舊金山市警局表示她有槍，預備「測試」總統的維安體系。次日，警方登門拜訪，沒收了她的槍枝。

警方向祕勤局通報，而在福特抵達前夕，祕勤局探員也找她談過話。他們判定她並未構成在福特到訪期間值得予以監視的威脅。評估一個人的意圖，其實是很不精確的科學。果然，隔天早晨她就又買了一把槍。

祕勤局探員自問：「是不是我們約談她，反而促使她更要行凶？」「給了他們自認為重要的感覺後，我們說不定反而促使他們認為：『我最好是貫徹行動。』一般正常的人就會覺得：『我X！我差點被抓去坐牢耶。』」

下個月又發生一件事故，讓福特覺得自己真是倒楣透了的衰神瘟鬼。一九七五年十月十四日，他在康乃狄克州哈特福市共和黨募款活動演講後，車隊要趕往機場。摩托車警察應該「跳蛙式」輪番擋下每個路段上的支線車輛，好讓總統車隊一路暢行無阻。車隊要通過一條小街的時候，警察已經離開。十九歲的薩拉米提（James Salamites）開著一輛黑色別克轎車，因為是綠燈，就從小街衝出來，偏偏就撞上總統座車。

開車的祕勤局探員賀奇（Andrew Hutch）往左急轉，使衝撞力道減弱，但福特出其不意，還是跌倒。總統座車右前方被撞凹；祕勤局隨扈統統亮槍，圍住別克汽車，一把揪出嚇得屁滾尿流的駕駛人。

薩拉米提回想說：「我往被我撞的汽車望過去，福特總統也瞪著大眼睛看著我。我立刻認出他來。心想：我的媽呀！」

起先，探員認為這起車禍企圖傷害總統。但是盤問了數小時之後，便釋放了薩拉米提。哈特福警方認為，車禍肇事責任不在他。

媒體往往說福特是個笨手笨腳的呆瓜，可是探員們說他絕對不是。福特在密西根大學唸書時是美式足球校隊，入選為最有價值的球員；他是滑雪高手，嘲笑隨扈們跟不上他。最後，祕勤局找來一位世界級的滑雪高手加入他的隨扈隊。這位高手隨扈可以倒著滑雪，還向福特招手——你可追不上我了吧！

福特的隨扈探員杭敏斯基（Dennis Chomicki）說：「福特是個運動健將。他每天游泳，高爾夫打得棒，也是滑雪高手。」

但是他卸任後有一天到加州棕櫚泉打高爾夫，開著電動高爾夫車的他，竟然撞上高爾夫車棚牆上掛的電箱。

杭敏斯基說：「整個電箱被撞倒在一排高爾夫車上。他氣壞了，看看我，他說：『你曉得嗎？這麼多年來，他們一直沒說錯。所有的記者都說我笨手笨腳。沒錯！我還真是他媽的笨手笨腳。』」

福特和其他許多總統不一樣，從來不搞七捻三。直到《邁阿密前鋒報》於一九八七年五月揭發總統候選人哈特（Gary Hart）和唐娜．萊絲（Donna Rice）的婚外情之前，媒體從來不曾批露任何一位總統和總統候選人的婚外情。美國史上，新聞界雖然知道總統的緋聞，卻還是替白宮主人隱諱。可是，搞婚外情的政客顯現出來的偽善和缺乏判斷力，卻是讓選民可以仔細考量政治人物品格的一種線索。

挺諷刺的是，新聞界之所以打破成規，是因為《邁阿密前鋒報》政治版編輯費德勒（Tom Fiedler）寫了一篇專欄文章，替民意支持度領先的民主黨候選人哈特辯護，指說謠傳哈特捻花惹草是無稽之談。有位不願透露姓名的女子打電話給費德勒，表示她不同意他的說法。她說，她有個在邁阿密兼差當模特兒的女性友人，那個星期五晚上就要飛往華府，和哈特共度週末。來電女子形容這位模特兒是個相當漂亮的金髮女郎。

費德勒和記者馬基（Jim McGee）、調查報導編輯沙瓦奇（Jim Savage）遍查飛機班表，找出那個星期五（五月一日）晚間從邁阿密到華府最有可能的一班直飛班機。馬基搭乘這班飛機，發現有幾位女郎合乎線報描述。其中有一位帶著很醒目的發亮皮包。飛機在華府落地後，她在人群中消失了。

馬基搭計程車到哈特家門口盯梢，赫然發現那位帶著發亮皮包的女郎和哈特手牽手走出他家。次日，沙瓦奇和費德勒趕到華府會合。接下來二十四小時內，馬基看到哈特和這位女郎進進出出好幾次。後來哈特走出門口，似乎看到他們。他們乾脆亮明身分，並請教他家裡那位美女是誰。

哈特矢口否認家裡有什麼美女。

哈特說：「我不曉得你們在跟蹤誰。我和你們跟蹤的人毫無關係。」他又撇清說，這位女子是「朋友的朋友」，來華府探望她的朋友。

當天夜裡，報導已經發稿，但萊絲的身分仍未查出。沙瓦奇、費德勒和馬基找到哈特在華府的一位友人，此人即是介紹哈特和萊絲認識的共同朋友。沙瓦奇挑明了，若是費勁一路追查這位女郎的身分，一定會造成各方媒體的嗜血追獵，哈特最好是從實交代清楚。報導刊登在五月三日星期天的《邁阿密前鋒報》上。哈特的發言人當天上午告訴美聯社，這位神祕女郎名叫唐娜・萊絲。

同一天，《紐約時報》登出一則報導，引述哈特的話，否認婚外情。他甚至向新聞記者挑戰：「大家不妨來跟蹤我……保證很無聊！」哈特繼續否認和萊絲有染，但是哥倫比亞廣播公司新聞網播出業餘攝影師拍到哈特和萊絲一起出現在一艘豪華遊艇的錄影帶。哥倫比亞廣播公司指出，萊絲（尚不知其真實姓名）後來下船，到當地一家酒吧參加熱舞競賽。八卦報《國家詢問報》跟進，登出萊絲在遊艇上坐在哈特腿上的照片。哈特被迫宣告退出總統競選，成為自己傲慢和扯謊的受害人。

其實，故事還不止於此。一位奉派保護哈特的祕勤局探員說，早在結識萊絲之前，哈特到洛杉磯就經常和漂亮的女模、女星鬼混，替他牽線的是支持他的好萊塢明星華倫・比提（Warren Beatty）。

這名探員說：「華倫比提把他穆荷蘭大道的住家鑰匙給了哈特，就在另一個大牌明星傑克尼克遜家附近。」華倫比提會安排二十歲左右的妙齡女郎——照這個探員的說法，「有數十人之多」——在他家和哈特會面。

這名探員說：「哈特會說：『我們今天有客人。』如果天氣暖，她們會穿比基尼跳進後院的熱水按摩池。一進到池裡，上半截就飛了。然後，他們就進到屋子去。這些『客人』逗留到很晚，經常天要亮才走人。華倫比提是個單身漢，但是哈特有家室、貴為聯邦參議員，而且正在競選總統。」

這名探員說：「有時候，同時有兩、三個女郎和他一起玩。我們會說：『這是十號，那是九號。看見了沒？真是令人難以置信！』哈特一點也不忌諱。他就像小孩子走進糖果店，樂歪了！」

8. 皇冠

要進入白宮西廂，訪客要先按西北門上的對講機。如果沒問題，祕勤局制服處員警會用電子遙控方式開門，放他進來。訪客要從防彈哨所的一道窗口送進駕駛執照或其他由政府機關發放、有照片的證件，給四位值勤的制服員警之一查驗。

獲准進入白宮之前，事先有約的訪客必須先提供社會安全號碼和出生年月日。制服處員警會檢查該名訪客是否列在聯邦調查局全國犯罪資訊中心或全國執法電信系統的名單之上，查明此人是否有前科紀錄。

除了祕勤局有一份威脅虞犯名單之外，制服處也有一份「禁止放行」名單，約有一百人上下由於滋生事端而不准進入白宮。譬如，白宮新聞室可能會因某位記者常態犯規，跑到不准進出的地方亂逛，而把他放上不准放行的名單。

如果訪客事先有約，且查驗無誤，便可取得通行證，進入安全柵門。訪客穿過金屬偵測器後，就可往西廂走。多年來，人們一想到白宮，就認為是賓夕凡尼亞大道一六〇〇號那棟主建築物；它是總統寓邸，也一度是他辦公的地方。林肯過去的辦公室就在白宮二樓、現今稱為「林肯臥房」的房間。透過近年來的電視連續劇，民眾才知道現在總統的辦公室位於西廂。

西廂是在一九〇二年增建。一九〇九年，總統辦公的地點橢圓形辦公室，建在西廂南側的中央。一九三四年，它移到現今東南角的位置，俯瞰玫瑰花園。後來，一九四二年又蓋了東廂，第一夫人的辦公室及白宮軍事處就設在東廂。

訪客要到西廂，必須經過通往西廂走廊入口的一段步道，兩側有十多具監視器。這條步道從前被稱為「圓石海灘」(Pebble Beach)，是白宮記者播報新聞的地方。現在，因為大石板取代了圓石，記者團的好事之徒管它叫做「巨石柱」(Stonehenge)。走廊入口左方有一道單獨的入口，直接通往「布瑞迪新聞簡報室」。白宮記者必須通過祕勤局的身家背景調查才能領到記者證，憑著記者證才能刷卡通過安全柵門。

即使已有約會，訪客若有毆打或詐欺等前科紀錄，祕勤局也不會准他們進入。如果訪客十年前因吸食大麻被定罪，警衛會通報他要拜訪的白宮官員。是否准許此人進入，就由這位白宮官員決定；他可能會找個藉口取消約會。

偶爾也有通緝犯太大意，與白宮（代號「皇冠」）某官員約好前來拜會。老布希總統時代，有個因竊盜罪遭通緝的男子，打算跟著布希的一位友人進入白宮。他事先提交他的社會安全號碼。祕勤局在他抵達白宮時，不費吹灰之力將他當場逮捕。

祕勤局一位探員說：「如果有逮捕令，（電腦）螢幕會顯示：『有逮捕令要抓此人。請通知探員。』」

魏佛（Richard C. Weaver）自稱是基督教牧師，在小布希總統二〇〇一年就職典禮時通過層層安全檢查，走到總統面前。他和總統握了手，交給他一枚就職紀念硬幣，也傳遞「來自上帝的口信」。祕勤局知道魏佛這號人物，給他取的代號是「握手男子」，因為他在柯林頓總統就職時也玩過同樣的把戲得逞。顯然他的名字列在就職委員會的賓客名單裡面。小布希就職後，他又試過幾次企圖接近總統和參議員。

有位祕勤局探員說：「每個安全檢查哨都有張貼他的照片。」

就跟總統到底需要多少保護一樣，白宮周遭的維安程度一向是個爭議不休的問題。數十年來，哥倫比亞特區（譯按：美國首都華府的正式名稱）政府不肯封閉白宮前面的賓夕凡尼亞大道。當威脅出現或有大規模示威活動時，祕勤局才會封街或以巴士將白宮團團圍住。雷根時期，白宮周圍裝上了紐澤西護欄（Jersey barrier，編按：設置路障或分隔車道用的裝置，材質為混凝土或塑膠）。一九九〇年，紐澤西護欄換成水泥短柱。大門關上時，地面會升出鋼條予以強化。九一一事件後，小布希政府把賓夕凡尼亞大道改成行人徒步區。

一名資歷很深的探員說：「我們會強化大門有一個原因，即是防止有人試圖駕車硬闖、要見總統。大門關上後，門後方會由地面升出鋼條。若是兩噸重的卡車以時速四十英里衝撞大門，它也抵擋得住。」

祕勤局維安科技處在白宮入口安裝了可以偵測輻射線和炸藥的設施。維安科技處就像〇〇七電影中虛構的武器專家Q先生的真人版，負責偵測白宮和旅館房間以防竊聽。他們從來沒在白宮裡頭發現電子竊聽器，但是偶爾會在旅館搜出一些原本要竊聽前任住客對話內容的儀器。譬如，雷根總統有一次預備入住洛杉磯某旅館，維安科技處卻在總統將要入住的套房裡找到竊聽器，結果發現這個套房的前一名住客正是知名歌星艾爾頓強（Elton John）。

維安科技處會測試白宮的水和空氣，以防汙染、輻射和致命細菌。它會讓白宮的空氣保持高壓，以排除可能的汙染。它提供探員「權宜頭罩」（expedient hood），萬一遭受化學攻擊時可供總統罩上。它負責檢查每年送進白宮的近一百萬封郵件，是否帶有病原菌或其他生物威脅。它也和洛斯阿拉莫斯國家實驗室（Los Alamos National Laboratory）或桑迪亞國家實驗室（Sandia National Laboratory）合作，進行絕對機密的風險評估，以找出實體或網路安全措施是否有任何漏洞。

萬一刺客滲透了所有安全關口見到總統，維安科技處還在橢圓形辦公室及白宮的寓邸設置警報按鈕。如果有緊急醫療需求或是軀體受到威脅，皆可派上用場。許多警報按鈕化身為總統璽印標誌，置於桌上，一按就會啟動。

警報一響，探員立刻拔槍馳援。除了守在橢圓形辦公室附近的探員和制服員警之外，在橢圓形辦公室底下W16室待命的探員也可在幾秒鐘內從樓梯衝上來。

最後的一招是，白宮安排了緊急避難逃生路線，其中之一是一條十英尺寬、七英尺高的地道。它從白宮東廂地下室下方通到緊鄰白宮的財政部大樓的地下室。

一九九四年十月二十九日下午二時四十五分，發生了最囂張的一次攻擊事件。杜朗（Francisco Martin Duran）站在賓夕凡尼亞大道南側，以一把中國製SKS半自動步槍朝白宮開槍。他朝第十五街奔跑時，稍為停步重新裝填子彈，一名遊客把他抱住推倒。制服員警已拔槍，但沒開火，因為更多遊客已合力抓住杜朗。

員警逮捕他時，杜朗說：「我希望你剛才開槍斃了我。」

由於杜朗開始射擊時，一名白髮男子正走出白宮，祕勤局探員認為，杜朗可能以為自己開槍打的是柯林頓總統。杜朗以企圖謀殺總統罪，被判有期徒刑四十年；另外因毀損白宮（新聞室玻璃窗中彈累累）要賠償三千二百美元。

或許是受到啟發，一九九四年十二月，接二連三又發生四起攻擊白宮事件。十二月二十日，柯尼爾（Marcelino Cornier）揮舞著一把刀，跨越賓夕凡尼亞大道奔向白宮。制服處員警和公園警察喝令他止步。他不但不聽，還朝一名公園警察撲過去，另一名公園警察開槍，當場將他格斃。

前任祕勤局探員道寧說，新聞報導沒有說的是，這名男子「把七英寸長的刀子綁在手上，因此警察喝令他丟下武器，他卻做不到。這就是所謂的『借警之力自殺』。這個傢伙一心求死。不幸的是，警察覺得自己生命受到威脅，遂開槍打死他。」

事件後第二天，制服處員警打開西南門，放一輛已核准的汽車進入。就在這個時候，一名男子竟趁隙衝過他們，往白宮大樓奔跑。員警將他制伏，發現他精神不正常。

兩天後，又有一名男子從南草坪外圍以一把九釐米口徑手槍向白宮大樓開槍。有兩槍沒打到白宮，第三槍落在一樓陽臺上，第四槍則擊破一樓餐廳的窗子。制服處員警從監視器上發現南行政大道人行道上有一名侷促不安的男子，公園警察追上他，搜身後抄出一把手槍。

一九九四年九月十一日的一起事件則充分暴露白宮的弱點。那天晚間，法蘭克・科德（Frank E. Corder）喝了酒、也吸了古柯鹼，他剛好發現出租後返還到馬里蘭州教堂鎮阿迪諾機場的一架西斯納P150飛機的鑰匙。三十八歲的科迪是個卡車司機，沒有飛行員執照，但他學過開飛機，湊巧也有幾次飛過這一型的飛機。

科德偷了這架飛機，飛到白宮。接著他以陡峭的角度直接向白宮俯衝。固然有規定不准飛機飛越白宮上方，但偶爾仍有飛機誤闖禁區。因此軍方在決定是否擊落闖入白宮上空的飛機時，就必須做出判斷。九一一事件後，民航機駕駛艙已經強化警備，大部分班機都有空中保鑣值勤，許多機師也配備武器，因此飛機遭劫持的可能性降低。在九一一事件後，一般的飛航班機若違反禁令飛近白宮，又不理睬軍方的指示的話，會被飛彈或戰鬥機擊落。每年美國各地有約四百架次飛機遭到攔截，被警告若不遵從命令即予以擊落。

祕勤局總局的聯合作業中心，現在每天二十四小時全天候與聯邦航空管理局以及華府的雷根全國機場塔臺連線。總局也從雷達上監視任何飛經此一地區的飛機。

科德的飛機於半夜一點四十九分墜毀在行政大樓南邊的白宮草坪，滑過地面。科德沒有料想到的是，為了舉辦活動，白宮門前的南草坪立起一面超大型新力電視牆，它有三十三英尺高、一百一十英尺長。

當時在總統隨扈隊任職的探員道寧說：「他絕對不可能撞上白宮。他躲不開那面超大型電視牆。他必須稍微提早降落，結果就撞上了白宮南側前的木蘭花樹。」

科德因撞擊過猛而多處受傷，不治身亡。當時白宮正在整修，柯林頓總統及其家人住在布萊爾賓館。

科德固然曾經表示不滿意柯林頓的政策，第三次婚姻也陷入危機，祕勤局卻判定他和多數殺手一樣，目的是圖名。他曾告訴朋友，他要駕駛飛機去撞白宮或國會大廈，「死得轟轟烈烈。」

科德的哥哥約翰說，他弟弟曾經表示很欽佩德國少年魯斯特（Mathias Rust）。魯斯特一九八七年駕著一架西斯納飛機，飛越五百五十英里警備森嚴的蘇聯領空，降落在紅場而名聞遐邇。約翰說，他弟弟曾說：「這傢伙可真是揚名顯萬呀！」

祕勤局制服處最難堪的事件發生在一九七四年二月十七日。美國陸軍一等兵普瑞斯頓（Robert K. Preston）從馬里蘭州米德堡基地偷了一架陸軍直升機，於晚上九點三十分降落在白宮南草坪。

制服處員警沒有向直昇機開槍，卻打電話給某位在家的祕勤局探員，請示該怎麼辦。他下令朝直昇機開槍。可是，直昇機此時卻飛走了。五十分鐘後它又飛了回來。這一次，制服處員警和祕勤局探員毫不客氣，以獵槍和衝鋒槍掃射直昇機。

有位祕勤局探員說：「直昇機被打得稀里嘩拉。當他（第二次）降落時，他打開機門，滾到直升機底下。這一招大概救了他一命。探員們開了七十槍，在座位上就找到二十發子彈。（如果沒滾到直昇機底下的話，）他早就沒命了。這次它可再也飛不動了。」

二十歲的普瑞斯頓接受過飛行訓練，卻沒有及格。他或許是要向上級展示他也有飛行的本事。他小子命大，只受到輕微槍傷，被判服勞役一年，並罰鍰兩千五百美元。

尼克森總統和夫人佩特當天都不在白宮。

9. 豺狼

祕勤局探員內部的用詞，管任何一個可能的刺客稱為「豺狼」(Jackal)。豺狼若要出擊，最佳時機就是總統離開白宮這個窩的時候。每個刺客都選在總統最曝險的一刻出手——也就是在白宮之外，通常是他抵達或離開某個活動現場的時候。每個星期總統都有好幾次行程，在華府出席活動，或在國內、國外旅行，全是曝險的時刻。

即使到朋友家作客，維安作業一樣馬虎不得，必須有周詳的準備。小布希總統有一次和夫人蘿拉(Laura)到中學時期就認識的死黨克萊．強生(Clay Johnson)家吃晚飯。當天的客人還有布希的耶魯同學貝慈(Roland W. Betts)、聯邦調查局局長穆勒(Robert S. Mueller III)及他的太太安。祕勤局事先把主人的春谷市住家徹徹底底檢查一遍，在地下室設立指揮所。

女主人安妮．強生說：「他們要求餐廳窗簾要拉上，並且建議總統要坐在某個特定座位。

院子四周布滿警衛哨，房子前也擺了禁止停車的三角錐。」

祕勤局要求強生夫婦騰空一個至少可容兩人藏身的衣櫥。

安妮．強生說：「一旦緊急狀況出現，一名探員將抓住總統，兩人躲進衣櫥裡。這恐怕就很有意思了，因為布希一定會緊緊抓住蘿拉不放。」

安妮．強生問探員：「萬一發生緊急狀況，別人該怎麼辦？」

沒料到這位探員正經八百答說：「我只負責總統安危。」

總統出訪之前十天，至少有八至十二名祕勤局探員會飛到預定的目的地進行維安作業先遣規劃。這和當年甘迺迪總統到達拉斯，只派兩名探員先遣作業完全不同。當時祕勤局只有約三百名探員，今天則已擴編到三千四百零四名探員。

現今的先遣小組人員配置如下：組長之下，有一人負責交通、一人負責機場、一或二人負責後勤、一人負責維安科技、一人負責情報資訊。白宮通訊處還會派出一組軍方通訊人員參加先遣作業，負責無線電、電話和傳真。他們出動空軍C130運輸機載運器材及人手。祕勤局制服處的反狙擊手小組（countersniper team）和特勤處（Special Operation Division）的反攻擊小組也可能會派員參加先遣作業。

通稱CAT的反攻擊小組（counterassault team）是在白宮之外提供維安保護至為重要的單位。這個高度武裝的戰術小組，被派保護總統、副總統、來訪的外國元首或政府首長，以及被認為需要額外保護的對象，如總統候選人等。萬一遭到攻擊，反攻擊小組的任務是將攻擊移開保護對象，使值勤探員能掩護並疏散保護對象。一旦「問題」解決，反攻擊小組會重新整隊，移動到下一地點。

祕勤局於一九七九年首度在有限的基礎上開始運用反攻擊小組。根據探員魯德（Taylor Rudd）的說法，他們幾位受過特戰訓練的探員彼此聚餐時，談論到祕勤局究竟要如何對付恐怖攻擊，由之產生了這個小組。雷根總統一九八一年遇刺後，這個小組擴編，後來於一九八三年納入局本部統一調遣。反攻擊小組和「特種武器及戰術小組」（special weapons and tactics team，通稱SWAT）不同。警方或祕勤局在攻擊發生後，可能派出特種武器及戰術小組。但是代號「鷹眼」（Hawkeye）的反攻擊小組卻是在攻擊發生當下就採取行動。

反攻擊小組第一代成員阿布拉克特說：「在一九七九年以前，看情況而定啦，除了有探員和總統同車、貼身保護之外，我們還有一輛『火力車』隨行，車上的五、六名探員配備烏茲衝鋒槍。如果發生狀況，他們便有火力可以布下火網，這是對事主的另一層保護。如果他們遭到攻擊，也可立刻反擊。貼身隨扈的責任是掩護、撤退，盡速讓保護對象脫離現場。因此，他們的職責是掩護撤退行動，或是若陷身火網的話，就設法以強大火力使事主脫離現場。」

阿布拉克特說：火力車的概念其實「很鬆散，什麼情況下要與敵人火力交戰的標準也不太清晰。反攻擊小組取代了火力車，目的在於標準化祕勤人員碰上恐怖攻擊時的反應措施。」

身穿黑色戰鬥服制服的反攻擊小組，隨著總統出動。他們接受小單位、近距離交戰訓練。他們也接受車隊遭伏擊之戰術訓練，以及建立防線的戰術訓練。

每一個反攻擊小組成員配備一把全自動SR16步槍、一把SIG紹爾P229手槍、煙霧手榴彈，以及可轉移敵人注意力的閃亮手榴彈。反攻擊小組成員有時也用雷明頓強力獵槍，槍管已經改短。這種獵槍可以裝上不致命的哈同子彈，炸開門上的鎖。

一九九二年一月十二日，老布希總統訪問巴拿馬首都巴拿馬市，抗議群眾失控，反攻擊小組出動。隨扈把總統夫婦推進轎車，快速離開，並沒開槍。

一九九五年八月，柯林頓總統到懷俄明州傑克森洞俱樂部打高爾夫，反攻擊小組同樣出動。祕勤局探員發現有個工人在高爾夫球場邊某間正在興建的房屋屋頂，以步槍對準柯林頓。經查，這名男子是用步槍上的望眼鏡在觀看總統這夥人。探員偵訊後就把他放了。

和反攻擊小組不同，同樣身著黑色戰鬥服的反狙擊手小組成員不在總統車隊中。代號「大力士」(Hercules)的反狙擊手部署在關鍵的出入口，譬如，總統進出白宮時，他們就部署在對街的屋頂和陽臺。

因此，反狙擊手是觀察者，可以用他們的點三口徑溫契斯特麥格努步槍對付遠距離的威脅。這種步槍依照每個配發槍手而量身訂製。每一個反狙擊手小組亦配備一把史東納SR25步槍。反狙擊手每個月都要接受測試，必須能擊中一千碼外的目標；測試不及格便不得值勤。

反狙擊手必須和反攻擊小組密切合作。如果進到建築物裡頭的反攻擊小組要回到車隊，反攻擊小組的組長會呼叫反狙擊手小組以確認周遭地區是否安全。

和當年規劃甘迺迪總統在達拉斯的車隊路線之草率馬虎大異其趣，祕勤局現在對沿線建築物做出虛擬的三度空間模型，針對最容易遭殺手攻擊的地點若是出了狀況要如何對應，預先做妥準備。祕勤局亦對總統要發表演講的建築物之平面圖提供幻燈片說明。

祕勤局在先遣作業時會選定所謂「安全屋」（如消防隊），萬一出現威脅時可供利用。它也規劃好前往當地醫院的路線，並且提醒他們總統要到當地拜訪。

如果總統計劃在一家旅館過夜，祕勤局會包下他住房那一層的全部房間，以及上一層樓和下一層樓的全部房間。探員會檢查地毯底下有沒有玄機。他們檢查可疑的相片框，以防藏了炸藥。總統會進去的每一個房間，他們都規劃了撤退路線。

一名探員說：「如果總統會在某旅館住宿過夜，我們會保護整層樓及該間套房，使它和白宮同樣安全。我們會封鎖整個樓層，其他賓客一律不得靠近此一樓層。如果這一層太大，我們會隔出一個禁區。保證外人一律上不了這個樓層。」

總統進入旅館房間之前，祕勤局偵測人員會徹底檢查是否有輻射物品和竊聽器、竊聽收音機、錄影機。有些旅館有常住房客，他們令祕勤局十分為難。探員會請他們暫時搬到同一旅館的其他房間。旅館通常也提供他們免費升等，可是仍有人不願暫時搬家。

探員說：「如果有人絕對不搬，我們就不讓總統入住，以策安全。」總統也和我們凡夫俗子一樣，最恨被困在電梯裡上下不得，因此祕勤局會特聘當地電梯公司派技術員在總統到訪時進駐旅館，以防萬一。

替總統準備膳食的員工，祕勤局會檢查他們的身家背景。如果某人有傷害或吸毒前科，祕勤局會要求飯店老闆當天別排那位員工的班。為防有人趁隙下毒，祕勤局會派人全程緊盯食物準備過程，也會隨機抽樣檢查食物。檢查通過的員工配掛有特定顏色的識別證。總統若是出國訪問，替他準備膳食的可能是海軍人員。膳食若是在白宮內準備，祕勤局就不直接介入。

有位祕勤局探員說：「我們也沒辦法盯住所有的事物。但是，大部分東西都檢查過。我們有供應商名單，會檢查其員工，以後再隨機抽驗是否有新人加入。」

10. 教堂執事

如果祕密勤務局認為尼克森是現代美國總統當中最怪異的，那麼卡特就是最討人厭的一個。如果衡量一個人是要看他如何對待下人，那麼卡特可就不及格了。卡特在白宮裡對待服侍他、保護他的下人，態度相當輕蔑。

白宮助理僕役長皮爾士（Nelson Pierce）說：「卡特剛來的時候，他不要員警和探員在他進入辦公室時看著他、或和他打招呼。他不希望他們瞪著他經過。我實在不明白，他又不是沒穿鞋、沒穿袍子走進橢圓形辦公室。」

祕勤局制服處白宮分處處長華澤爾說：「除非他先跟我們說話，否則我們絕不能跟他說話。卡特說，他不希望他們（員警）和他打招呼。」

探員皮亞斯基（John Piasecky）派在卡特的隨扈隊三年半，其中七個月還是總統座車司機。

他說，卡特從來沒跟他說過話。卡特努力塑造平民總統形象，旅行時自已拎行李。但那往往只是作秀。一九七六年卡特還是候選人時，只要記者在場就自己拎公事包，但是私底下都要祕勤局探員代勞。

前任祕勤局探員柯林斯（John F. Collins）說：「卡特要我們替他把行李從汽車行李廂提到機場去。可是，那又不是我們的職責，後來我們不幹了。」柯林斯說：「有一次，我們打開行李廂，又把它關上，聽任行李留在行李廂內，害他往後兩天沒衣服可換。」

做了總統，卡特在行李上更會裝模做樣。

前任祕勤局探員巴蘭納斯基（Clifford R. Baranowski）說：「他要出外時，會搭直昇機到安德魯空軍基地換搭空軍一號。他會捲起袖子，自己肩挑行李袋，其實袋子裡是空的。他想讓別人以為他都自己提行李。」

他的另一名隨扈探員說：「卡特要出遠門時就要表演自己從轎車後行李廂取出有肩帶的大提袋，其實裡頭是空的。他在作秀啦！」

卡特當選後的第一個聖誕節早晨，走出喬治亞州平原鎮住家前門取報紙。他對站崗的探員根本視若無睹，沒說「聖誕快樂」。上了教堂、用了早午餐之後，卡特夫人羅莎琳拿一些剩菜出來餵他們那隻暹羅貓。據探員柯林斯的說法，隨扈們已經跟一頭流浪狗處得不錯，替牠取了代號「海豚」（Dolphin）——祕勤局給卡特家人取的代號都以D字開頭，「海豚」也符合此一做法。

海豚一看到有吃的，立刻就把貓的食物搶走。另一位在場的探員說，卡特拿起用來鋸樹的鋸子，就要動手宰了那隻狗。

這位在場的探員說：「卡特從起居室陽臺邊的一堆木頭上拿起這個鋸子，當著全家人——包括他母親李莉安——的面就要宰了那隻狗。海豚動作比卡特快多了，立刻逃之夭夭。卡特立刻命令隨扈隊長把這隻狗趕走。祕勤局只好把牠送給採訪卡特的記者團。」

令人難以置信的還有，卡特拒絕承擔身為美國總統最大的職責——萬一美國遭遇核子攻擊，必須能迅速採取行動。一位祕勤局探員說，卡特回老家休假時，「他不要『核子足球』（nuclear football）留在平原鎮家裡。平原鎮住家沒地方可容太多助理過夜，軍方希望在院子裡擺個拖車，但他不肯。因此，保管『足球』的軍事助理必須住到阿美里卡斯（Americus）」——離卡特家車程十五分鐘。（譯按：發動核武作戰的指令放在一個〇〇七手提箱內，由軍事副官保管，和總統形影不離，通稱為「足球」。除了總統輸入密碼外，還必須由另一位高階官員輸入密碼，才能下達命令給軍方。）

根據規定的作業程序，一旦遇上核子攻擊，卡特不能透過電話指示在阿美里卡斯的助理發動反擊。等到軍事助理開車趕到卡特的家，美國距敵人以核彈摧毀全國，只剩五分鐘可做回應。

一名探員說：「他（軍事助理）必須開十英里的車。卡特在家時不希望有任何人吵他，他堅持要有隱私。他實在是跟一般人不一樣。」

卡特透過他的律師亞當森（Terrence B. Adamson）否認自己不讓核子足球留在平原鎮，也否認他指示白宮制服處員警別和他打招呼。但是，負責作業的白宮軍事室主任古雷，證實卡特不讓軍事助理住在他家旁邊。古雷說：「我們嘗試在平原鎮住家旁擺一輛拖車，讓（總統隨行）醫師和保管足球的軍事助理住，但是卡特不准。卡特根本就不管我們怎麼勸說，一概不理。」

代號「教堂執事」（Deacon）的卡特，情緒陰晴不定，且生性多疑。

一名前任祕勤局探員說：「當他情緒不好的時候，千萬別靠近他。他就是一副『一切都由我當家作主』的德性。他不信賴周遭任何人。別看他笑口常開，在白宮裡就全不是這麼一回事。」

他的前任隨扈探員席馬霍夫（George Schmalhofer）說：「唯一能看到卡特臉帶笑容的時候，是攝影機打開的時候。」

另一位前任祕勤局探員說：「卡特會說：『我當家。一切照我的意思做。』他鉅細無遺、事必躬親。什麼時候可用網球場打球這種雞毛蒜皮小事都得由他批可。簡直荒唐透了！」

有一天，卡特發現白宮外有個柵欄在冒水。

白宮軍事室副主任卡夫說：「那裡是緊急發電系統所在。卡特興趣來了，要親自督導修護。他會鎖定一個目標，管得徹徹底底。他每天問白宮僕役長：『這玩意兒花多少錢？需要什麼？它什麼時候會來？』等等瑣碎問題。」

卡特在記者會上否認白宮助理必須經由他批准才能用網球場，但是實際情形更可怕。事實上，即使他在空軍一號上，也堅持助理一定要由他核可才能使用網球場。

空軍一號座艙長巴摩（Charles Palmer）說：「關於網球場的故事，一點也不假。」由於其他助理害怕向卡特請示批准與否，請示工作往往落到巴摩身上。

巴摩說：「他從飛機上核示誰可以使用網球場。大部分人乘他出城時搶用網球場。如果總統心情不好，助理們會說：『老巴，行行好，你進去請示。』通常工作不順利時，沒人敢去和總統說話，總是遞簽呈進去，以免招惹他破口大罵。」

巴摩說，卡特似乎熱愛權力。有時候，卡特故意遲遲不批示，還得意洋洋地說：「我要讓他們知道是誰當家。」巴摩又說：「有時候他面帶笑容告訴我：『你傳話吧，告訴他們行了。』我覺得他真把它當成不得了的大事。我真的搞不懂怎麼會這樣。」

上臺伊始，卡特就宣布白宮不供應烈酒。每次要舉辦國宴，白宮就刻意向記者強調，不供應烈酒，只有薄酒。

古雷說：「卡特夫婦是天字第一號說謊大王。他們傳令下去，不得有烈酒。空軍一號、大衛營或白宮都全面禁止烈酒。這是卡特家親信助理交代下來的。」

古雷告訴白宮的軍事助理：「把酒藏起來，讓我們瞧瞧究竟會怎樣。」

古雷說：「他們搬進白宮的第一個星期天，我就接到廚房來電話：『他們要求上教堂前要喝血腥瑪麗，我應該怎麼辦？』我說：『那就找出酒來，送上去呀！』」

巴摩說：「在卡特時期，我們從來不曾禁絕烈酒。卡特偶爾也來杯馬丁尼。」他也喝米克洛淡啤酒。代號「舞者」(Dancer)的第一夫人則喝螺絲起子。

卡特的母親李莉安就替兒子洩底。一九七七年她接受《紐約時報》訪問時提到，即使白宮的正式說法是禁絕烈酒，但她若是到白宮小住，每天下午都會弄杯波本酒喝一喝。

白宮的執行管家秀莉・班德(Shirley Bender)說：「有天夜裡她對一位僕役說：『我習慣在上床前喝一杯。你可以安排每晚給我一點白蘭地嗎？』」

當副總統孟岱爾第一次到平原鎮拜訪卡特時，李莉安到祕勤局探員用做指揮所的拖車敲門。

孟岱爾隨扈隊的探員柯蒂斯說：「我一開門，李莉安手持一個紙袋站在那裡，裡頭是一打啤酒。」

李莉安說：「我給大夥兒弄來一點東西。別跟吉米說喔！」

柯蒂斯說：「我們很感謝，可是我們不能接受。」

卡特入主白宮後，不時會在大清早五、六點就進入橢圓形辦公室，要給人總統夙興夜寐、勠力從公的印象。

卡特的隨扈蘇立曼（Robert B. Suleiman, Jr.）說：「他會在早上六點鐘走進橢圓形辦公室，工作約半小時，然後就拉上窗簾打盹。他的幕僚卻告訴新聞界他在辦正事。」

另一位探員也說，他從橢圓形辦公室窗戶外看到卡特裝著在工作，其實是在睡覺。

卡特向新聞界宣稱，為了節約能源，他在白宮屋頂裝了太陽能板來熱水。卡夫說：「它無法產生足夠的熱水以啟動員工廚房的洗碗機，根本就是作假。底下的人必須去買新設備使水夠熱。哪裡能省錢？」

卡特甚至打算減少空軍一號機組人員。

卡夫說：「空軍一號是一架飛機，需要維持最起碼的人員才能飛。你總得有正駕駛、副駕駛等等人手吧！他們就是不懂。總統座機駕駛員和空軍副參謀長非得跟他爭辯不可。」

卡特發現一家外燴公司在布萊爾賓館代辦招待外國貴賓的宴會後，沒照往例把剩菜殘羹倒掉，而是把它們送給值勤的祕勤局探員。

某位前任探員說：「這些兄弟每天要當班十二至十四個小時，有時候還無暇吃東西。」

這位前任探員說，卡特堅持要外燴公司以後要把多出來的食物算出成本，凡是吃這些剩菜殘羹的探員必須付錢。

白宮軍事室主任古雷說，卡特鉅細無遺全都要管，連白宮要換地毯，他也要予以否決。古雷說：「他不肯更換白宮供民眾參觀區域的地毯。我離職的時候，白宮活像是花生米倉庫。（譯按：卡特出任總統前，經營花生農場。）有成千上萬的人走過那裡，亟需高度維護。可是卡特親自要管，地毯變得又髒又舊。」

卡特自命比他的祕勤局隨扈更擅長跑步，還向他們挑戰。祕勤局於是開始抽調一流健腿加入他的隨扈隊。有一天在大衛營和隨扈較量時，卡特不支倒地。

探員杭敏斯基說：「其實他體格強健，只是從來不先做暖身運動。那一天天氣格外炎熱，他一開頭跑得太快，耗掉體力，終於輸了！」

還有一次，探員提出警告，大衛營積雪不足，而且還有很多塊狀地帶沒有覆雪，因此若要滑雪十分危險。卡特置之不理。

據杭敏斯基的說法，卡特說：「是嗎？我自有決定。」杭敏斯基說：「他還是出門滑雪，果真摔個狗吃屎，跌傷鎖骨。」

祕勤局在華府設法找出隱密的路線可供卡特跑步。某一天，秋高氣爽，卡特到C&O運河旁拉縴用的小路跑步。他打算從鑰匙橋（Key Bridge）跑到鎖鍊橋（Chain Bridge），再折返佛萊轍船屋，與祕勤局的車輛會合。由於通訊失誤，卡特和隨扈到達船屋時，不見祕勤局車輛的蹤影。

隨扈隊長賈謨（Stephen Garmon）和其他探員騎腳踏車跟在卡特背後。日後出任祕勤局副局長的賈謨，試圖以無線電聯絡祕勤局車輛，可是電訊不通。

賈謨回想起來：「總統說他開始覺得冷了。我問他是否介意再跑回鑰匙橋？必要時就攔輛計程車回白宮。這時我發現路旁有公共電話，可是大家身上都沒零錢。」賈謨決定撥打「九一一」緊急電話。他報出自己是祕勤局探員，要求接線生接通白宮總機。

賈謨說：「九一一接線生照辦，我才終於聯繫上車輛，隨扈探員才得以前來接駕。」

祕勤局探員除了看到總統及第一家庭的真實面，還有機會看清楚白宮政治幕僚的真實面目。當卡特和以色列總理比金（Menachem Begin）、埃及總統沙達特（Anwar al-Sadat）在大衛營磋商中東和平大計時，前任探員巴蘭諾斯基某天午夜時分聽見樹林裡傳來奇怪的聲音。

巴蘭諾斯基說：「卡特的幕僚長喬丹（Hamilton Jordan）和一位漂亮的實習生從樹林中走出來。他們把車停在樹林裡，可是車子卡住了。怪聲就是輪子轉動的聲音。」

由於卡特鉅細無遺、事必躬親，副總統孟岱爾沒什麼職責，樂得輕鬆，可以打網球、四處旅行。

到了任期末期，卡特疑心病重，猜疑有人偷東西、竊聽他在橢圓形辦公室的談話。

負責西廂維修的總務署樓管經理說，卡特和他的幕僚變得「十分偏執」——「他們認為總務署或祕勤局在竊聽。」

有一天下午，卡特的祕書蘇珊·克羅芙（Susan Clough）堅稱有人從橢圓形辦公室一瓶裝原油的瓶子偷了油；那個瓶子是某阿拉伯領袖送給卡特的禮物。

某位總務署經理說，瓶子明明就是封住的，但「蘇珊·克羅芙呼天搶地，發誓有人從瓶子裡倒出一些油。事情鬧得不可開交。祕勤局一向會把總統房裡的東西拍照留檔。他們再次拍照比對，發現根本沒有人動過它。這不就是驚慌、偏執嗎？」

有一天早晨要回喬治亞釣魚前，卡特指責某位祕勤局探員偷了服務生替他準備的烤雞。事實上，白宮幕僚鮑爾（Jody Powell）和喬丹把它給吃進肚子去了。

雷根總統就任後，總務署發現卡特的幕僚在白宮留下一堆垃圾，任意棄置「艾森豪行政大廈」裡的家具。

一位總務署樓管經理說，他們發現「家具、辦公桌和檔案櫃被倒翻過來。我們必須把它們一一翻正。有一個區域竟有十五至二十張辦公桌倒翻過來，簡直就像颶風過境。」

卡特卸任後，偶爾會住進總務署在傑克遜街一七一六號為卸任總統準備的招待所。招待所牆上掛著歷任總統照片。

總務署樓管經理發現，卡特借住期間，會把共和黨籍總統尼克森和福特的照片取下來，換上半打十六英寸寬、二十四英寸高他自己的照片。當時負責白宮事務的總務署樓管經理芮斯派士（Charles B. Respass）實在氣不過，因為每次總務署都得去找出舊照片，把它們重新掛回去。

卡特透過律師亞當森否認有這麼一回事。他也否認他懷疑有人竊聽他在橢圓形辦公室內的對話。

但是，當時芮斯派士的部屬普萊絲（Lucille Price）說：「卡特換掛照片——他不喜歡（福特和尼克森）盯著他看。我們發覺他喜歡掛上自己的照片。」她說：「然後，卡特會把自己的照片帶走。」

卡特雖然行為怪異又假惺惺，卻十分虔誠，不說髒話，與太太羅莎琳恩愛情深。

卡特的隨扈探員李巴斯基說：「這對夫妻真正動腦筋、拿主意的，是羅莎琳。」

11. 驛馬車

祕密勤務局的先遣作業包括檢視情報機關對可能的威脅提出之報告。一九九六年，前任總統老布希預備飛往黎巴嫩首都貝魯特。行程預定是在塞浦路斯降落，再轉搭直昇機赴黎巴嫩。

老布希的隨扈探員莫拉列斯（Lou Morales）說：「中央情報局告訴我們，有人陰謀傷害總統的性命。線民知道他要搭直昇機、也知道直昇機的起飛時間。事實上，真主黨（Hezbollah）規劃的這個陰謀他也參與其中。他們預備用飛彈打下直昇機。」

祕勤局向老布希報告，不過他堅持再怎麼危險，也一定要到貝魯特。祕勤局取消直昇機飛行計劃，改以車隊從敘利亞首都大馬士革，以時速九十英里趕赴貝魯特。和大多數被破解的陰謀一樣，這次事件也從來未經新聞界披露。

探員完成先遣作業評估後，會建議動用多少人手保護總統。正常一班貼身隨扈除組長外，還有四名探員。其他探員有三、四人負責交通，以及負責反監視的探員和一組五至六人的反攻擊小組。

總統出訪時，除當地分局人手之外，還從祕勤局遍布全國的一百三十九個分支單位抽調好手支援。祕勤局全國各地分支單位，包括四十二個分局（紐約、洛杉磯和芝加哥等主要城市），五十八個常駐辦事處，十六個特派員辦事處，以及二十三個只有一名探員的聯絡處。除此之外，祕勤局在海外還有二十個辦事處。

總統到訪之前，探員會押送總統轎車——代號「驛馬車」（Stagecoach）——以及祕勤局車輛，搭乘空軍專機先行到達。反狙擊手小組、反攻擊小組和炸彈專家也一起先行抵達。這些探員是陪著總統搭空軍一號的貼身護衛的增援人手。加拿大禁止祕勤局探員攜帶武器，但是他們利用總統轎車挾帶武器入境。

和當年甘迺迪總統搭乘的敞篷車不同，現在的總統轎車封得密不透風。歐巴馬就職典禮使用的這輛二〇〇九年份凱迪拉克，暱稱「野獸」（the Beast）。「野獸」當真名副其實。它用的是通用汽車的卡車底盤，配備裝甲鋼板、防彈玻璃，另外還自備氧氣供應系統。它有最新的加密通訊設備，也有遙控起動機制、自動關閉的加油箱。即使輪胎已經中彈，它仍可照樣行駛。它可以承受火箭筒或手榴彈的直接攻擊。它的車門有十八英寸厚，窗子是五英寸厚。比起小布希總統二〇〇五年一月就職典禮首度使用的那輛凱迪拉克，這輛新型轎車窗子更大、能見度也更好。

通常車隊裡的第一輛轎車是掩人眼目的「副車」，第二輛轎車則是備援用車。總統可能坐在第三輛、甚至車隊裡任何一輛轎車上面。車隊有幾輛車，要看訪問的目的而定。若是事先未公布、逕赴某餐廳用膳，也就是所謂的「非正式包裹」，祕勤局只出動七、八輛汽車。若是公開的行程，即所謂「正式包裹」，可能高達四十輛汽車，包括白宮人員、隨行記者的座車。探員稱呼祕勤局的車輛為G車隊。

包括白宮醫師及行政人員，總統在國內旅行要動員兩、三百人隨行。若是出國訪問，隨行人員包含軍方人員，可高達六百人。單是二〇〇八年，祕密勤務局就提供了一百三十五次海外旅行的維安保護。每次出國訪問，祕勤局比在美國國內更倚重當地警察的支援和配合。但是，一九五八年五月十三日，尼克森還是副總統時，與夫人佩特前往委內瑞拉首都加拉卡斯訪問，遭到憤怒的示威群眾包圍，當地警察竟然躲得無影無蹤。

當時隨行的祕勤局探員泰勒說：「當地警察本來應該在機場提供保護，可是我們注意到警察開始脫離車隊。他們害怕暴民，竟然逃離工作崗位、一走了之。」

暴民朝尼克森夫婦投擲石塊和瓶子，祕勤局探員趕緊把他們倆圍在內圈，迅速保護他們坐進防彈轎車。前往美國大使館的路上，抗議民眾已樹立路障。群眾揮舞著棍棒和水管，堵住汽車。

泰勒說：「他們有燃燒彈，搞不好會殺了車隊所有人。有時候他們把稚齡兒童放在車前，希望我們撞倒這些小孩子。我們評估情勢後，決定緩緩駛過包圍的群眾。」

群眾試圖撬開車門，開始搖晃轎車，還企圖點火焚車。但是，因為探員們堅守陣腳，正面瞪視暴民，他們也不敢太靠上來。探員們好不容易才把尼克森夫婦平安護送到美國大使館，但那裡已被更多憤怒的民眾團團包圍。

泰勒說：「他們想放火燒垮大使館。我們設法用砂包補強使館四周，並且拼裝組成一套無線電系統，才能和華府通話。我曉得他們已經切斷跨大西洋電纜，我們無法以正常方式和外界聯繫。我們總算得以和總統用無線電通話，向他報告本地狀況。艾森豪總統下令出動第六艦隊，把我們大家撤出來。」

今天，總統若在國內旅行，車隊裡一定有一輛車供配備衝鋒槍的祕勤局反攻擊小組乘坐。另一輛祕勤局車輛俗稱情報車，負責追蹤被評估為威脅人士的最新動向，並監聽、評析當地電訊。如有必要，它會干擾任何構成威脅之人的通訊。通常公園警察或地方執法單位會提供一架直昇機在上空執勤。

針對總統車隊，地方警察會騎乘摩托車攔下旁側街道的車流，以蛙跳方式逐段戒護交叉路口。探員也會檢查沿路各辦公大樓。福特總統有一次到德州康洛（Conroe）訪問，沙里巴

(Dave Saleeba)探員獲知車隊要經過的路線有一棟大樓，其中一個辦公室無法開啟。深入調查後，他發現這棟大樓是某位本地律師後人的財產。

一九一五年時，這位律師的兒子從馬背墜地，頭部撞傷而亡，使得父親傷心欲絕。這位律師此後再也沒有踏進他的辦公室，並且指示後人永遠不要打開它。可是，在沙里巴堅持下，這位律師的孫女兒同意開啟辦公室。沙里巴發現辦公桌上堆積一層灰塵。桌上還有一個棕色紙袋，似乎放著午餐，但早已風化。

祕勤局探員認為，只要亮相站崗，凶巴巴瞪視著群眾，最好再戴上太陽眼鏡，就可嚇走心懷不軌的刺客。探員會注意搜尋危險的訊號——和周遭環境一比似乎突兀的人物、把手放在口袋的人物、冒汗或神情緊張的人物，或狀似精神不正常的人物。探員會鎖定突兀的動作、目標或狀況。

目前在祕勤局羅雷訓練中心(James J. Rowley Training Center)擔任資深教官的前任探員阿布拉克特說：「我們要注意大熱天穿大衣的人、在寒天不穿大衣的人、手插在口袋的人、拿著袋子的人。任何太過激情、或是根本不激情的人。任何突兀的人、或一再張目四望的人。你們要注意這些人的眼神，而最重要的是他們的手。手往哪裡移動，才是關鍵。」

如果探員看見管制繩旁邊有民眾雙手放在口袋裡，他會說：「先生，請把手伸出來。現在就把手伸出來！」

阿布拉克特說：「如果他的手沒掏出來，你就伸手把對方的手掏出來，告訴他好好亮出雙手。側身在群眾裡的探員會注意到這裡有狀況。他們會過來，把這傢伙架走、搜身，查看是否身懷器械。你有權在緊急狀況下這麼做，因為事情一旦發生，就有如電光石火。你沒有時間輕聲細語說：『嘿，可不可以請你把手伸出來？』我的意思是，這個傢伙是否有武器，你需要當下就知道。」

探員若看到武器，會立刻大呼：「有槍！有槍！」

值勤的探員們都在西裝左衣領上配戴有顏色的別針，以資識別。別針共有四種顏色，上面鐫刻祕勤局的五角星標誌。每個星期更換不同顏色的別針。別針背後有四個數字，如果別針遺失，這個號碼會立刻輸入聯邦調查局全國犯罪資料中心；警方在攔檢車輛是否贓車、駕駛人是否通緝犯時，都會利用這個電腦化資料庫。如果別針找到了，警方會把它還給祕勤局。

出動保護勤務時，祕勤局探員會配戴如同註冊商標一般的無線電耳機，把它調到祕勤局專用加密頻道。這個監視工具有無線電收發功能，放在探員的口袋裡。

關於太陽眼鏡，前任探員道寧說：「受訓期間，上級會發給我們一般的雷朋眼鏡，目的是萬一有人朝保護對象投擲什麼的話，可以保護眼睛。大部分探員把鏡片顏色加深。一般人的刻板印象就成了祕勤局探員總是戴著太陽眼鏡，在室內也不例外。」

實務上，有些探員戴太陽眼鏡是為了不讓人看見他們的視線投向何方。也有些探員寧可不戴太陽眼鏡。

有些探員穿著便服、不配戴耳機，混在民眾當中，巡守白宮四周。如果他們發現狀況，立刻會以行動電話向祕勤局總局的聯合作業中心通報。

有位探員說：「他們混在群眾當中，你根本不知道他們的存在。他們在大活動或行進中負責從外頭往裡頭注意戒備。」

這些探員試圖以殺手刺客的角度思考：他們會如何突破安全措施？

這位探員說：「他們的職責就是在正戲上演之前就戳破我們的計畫。他們的工作基本上就是挑明：這裡有漏洞，這裡有弱點。請告訴我，你要如何堵住這些漏洞。」

技術人員在總統出席的場合拍下群眾的照片。這些照片再和其他場合拍下的照片比對——通常用臉部辨識軟體——查明是否有人經常出現在不同場合。

自從有人企圖傷害福特之後，總統出現在公開場合通常都要穿防彈背心。目前的背心是克偉拉型（Kevlar Type）。三層背心可以擋住大部分手槍和步槍發射的子彈，但是要對付更強大的武器，它就無能為力了。現在，總統和副總統隨扈隊的探員在公開場合應該穿上防彈背心，但是有些人不喜歡穿。固然背心已頗有改進，其實很不舒服；大熱天穿上它更是要命。

前任探員巴爾（Jerry Parr）是雷根總統遇刺時的隨扈隊隊長。他說：「你必須非常非常警覺。」從雷根遇刺往前推二十年，「有一位總統遇刺身亡、一位總統遭槍擊受傷、一位州長因槍擊受傷而癱瘓、福特兩度遭人行刺，又有馬丁路德・金恩遇害。你曉得歹徒就在一旁窺伺。只是不知道他們會從哪裡竄出來而已。」

12. 生牛皮

雷根和卡特真是天差地別，他對待祕勤局探員、空軍一號機組人員和白宮男女僕役，都十分尊重。

空軍一號機上工程師布哲里（James A. Buzzelli）說：「我服務卡特的兩年期間，他只到過駕駛艙一次。但是雷根不同。每次起降，他都會到駕駛艙探個頭，說聲：『謝謝啊，伙伴們！』或是『祝你今天順心！』（雷根）他私底下和公開場合一樣和藹可親。」

前任探員巴蘭諾斯基說：「有一年聖誕節我們到他的農莊去，他走過來向我道歉，害我佳節還得值勤，不能和家人團聚。他們有很多次拿宴會裡的食物和我們分享。我當然不期待拿到這些食物，但他們堅持一定要收下。」

前任探員布雷恰（Thomas Blecha）記得，雷根第一次競選總統時，有一天從貝雷爾（Bel

Air）的家要開車前往「塞羅農莊」——雷根位於聖塔芭芭拉北方、占地七百英畝的農莊。另一名探員注意到他帶著一把手槍，請教他為什麼。代號「生牛皮」（Rawhide）的雷根答說：「喔，萬一你們辦不了事，我可以幫忙呀！」雷根曾經悄悄告訴一位探員，一九八八年五月以總統身分第一次訪問蘇聯時，他在公事包裡擺了一把手槍。

有一段時候，東行政大道封閉，雷根的車隊出門時捨白宮前方的賓夕凡尼亞大道，取道E街進入十五街。因此之故，除非雷根從白宮窗戶遠眺，否則他看不到在賓夕凡尼亞大道對面拉法葉公園紮營，反對核子武器的抗議民眾。東行政大道再度開放後，有一天蘇立文（Patrick Sullivan）探員開車時，雷根從轎車窗子看出去，見到拉法葉公園裡有一個經年累月都守在那兒的示威者，在座車經過時給了他一個希特勒式的敬禮。

蘇立文回憶說：「這位先生備有海報，一直守在那裡。他是個非暴力型的抗議者。總統車隊開上東行政大道，左轉賓夕凡尼亞大道。這位示威者嚇了一跳，因為他在那兒已經守了一年，從來沒見過車隊從那裡經過。」

原本坐著的這位示威者跳了起來。

蘇立文說：「他開始給雷根總統納粹式敬禮，口裡還喊著：『雷根萬歲！雷根萬歲！』總統看見他站起來，給了他納粹式的敬禮。總統似乎很震驚，也很受傷。他對我們說：『你們看到那人給我納粹式的敬禮了嗎？他為什麼會這樣？』」

這句話聽起來像是隨口問問，可是他明顯要求答案。

蘇立文向雷根報告：「總統先生，他守在這裡很久了，是個神經病。他在那兒紮營，每天都站在那兒。」

雷根說：「喔，好吧。」

蘇立文說：「他就是這樣。只要知道此人是個神經病就行了。他不希望這傢伙是個平常的老百姓。雷根是個很親切的紳士。我覺得，這個傢伙給他納粹式的敬禮，讓他很傷心。」

雷根常常悄悄開私人支票給寫信向他申訴不幸際遇的人。替雷根起草信函的凱利（Frank J. Kelly）說：「雷根善名在外，曾有兒童需要動腎臟手術，他下令空軍一號協助運送病患及家屬就醫。很多事外人都不知道，他不會掛在嘴上。我有許多次負責親自遞交四、五千美元支票給寫信給他的人。他說：『別跟別人講。我自己也是窮人家出身。』」

固然雷根相信人性本善，但他可不是童子軍。有一次雷根到喬治城大學演講完，車隊沿M街駛向白宮，雷根注意到群眾當中有一名男子。

雷根對探員說：「伙伴們，那裡有個人對我比中指耶。」

雷根開始面帶微笑，揮揮手。

探員杭敏斯基記得，「我們經過群眾，他依然揮手、微笑，然後就搖下車窗，喊了一聲：『嘿！你這狗娘養的！』」

有一個星期五傍晚，雷根已經離開白宮，前往大衛營度週末。探員蘇立文在橢圓形辦公室底下的W16祕勤局辦公室值班。

蘇立文說：「有個傢伙拎著一隻活雞，來到白宮西北門求見總統。他說他要宰牲禮、敬雷根。他把雞穿在白宮圍籬上端的尖刺上。」

制服員警逮捕了他，把他送進聖伊莉莎白醫院觀察。

一九八六年有一天，雷根將到華盛頓州史波肯市（Spokane）訪問，道寧奉派參加先遣小組，先到當地視察。除了檢討所有已知的威脅之外，道寧還和史波肯警局、聯邦調查局以及其他機關會商各種情資。

有一天晚上，警方打電話給道寧說，住在市區一家汽車旅館的一對老夫妻，在電梯間看到一張大餐巾紙。餐巾紙上似乎寫了字，因此他們倆就仔細瞧瞧，而顯然上面畫了史波肯體育場的平面圖——它正是雷根總統四天後要發表演講的場地。

道寧說：「我趕到警察局，取得那張餐巾紙。不錯，上頭畫的是體育場的平面圖。它還有記號說明，並在體育場四週外圍註上X記號。再一看記號說明，哇！不得了！X代表崗哨。它還有我們使用的全部汽車的車牌號碼。很顯然，我們遭到別人監控了。」

當時，離史波肯市車程四十五分鐘的愛達荷州柯第連市（Coeur d'Alene），有一個新納粹團體阿利安民族（Aryan Nations）總部就在那裡。這個團體的諸多主張當中，包括反對稅制，也威脅要刺殺公職人員。道寧研判這張餐巾紙或許來自這個團體。他趕到那家汽車旅館，要求檢查所有的投宿登記卡。

道寧說：「櫃檯給我一個裝滿卡片的小木盒子。旅館有四百個房間，我開始逐一檢視登記卡。當我進行到第六十張時，賓果！字跡和餐巾紙上的完全相同。」

道寧記下登記卡上記載的汽車牌照號碼，走到停車場，看到一輛四門房車號碼相同。往裡一看，他看到後座有張折疊得整整齊齊的毯子，毯子上又有兩個枕頭。地板上有幾本書。顯然有人住在車上。道寧覺得奇怪，通常以車為家的人不會這般整潔。他打電話給警察局，召來兩輛警車支援。

道寧說：「我們找到那個房間，敲敲門。這傢伙問：『誰呀？』」

道寧答說：「是我呀，開門。」

道寧說：「這個白癡竟然就開門。他只穿著內褲。我一把揪住他頭髮，把他拉到走道。一名警員抓住他後，我們便進入房間，展開我們所謂的『保護性房間搜查』，確保沒有別人持械躲在房裡。」

道寧發現衣櫃上方有一顆子彈。子彈上綁著一根繩子，繩子又連在一張小白紙上。白紙上赫然有幾個字：「雷根將死！」

嫌犯同意道寧可以搜他房間，但不准他搜查汽車。

道寧告訴這名男子：「我反正今天晚上也甭想睡覺了。因此要申請一張搜索令，凌晨三點鐘到法官家去敲門，也沒差嘛。反正不是很費力。」

這傢伙終於改口說：「你可以搜我的車子。槍就在車上。」

原來這名男子因搶劫銀行入獄服刑期滿，剛恢復自由不久。他在坐牢期間和一名男性受刑人發展出感情關係，而那位受刑人剛被移監，關到另一座監獄。嫌犯聽說他的情人已移情別戀。

道寧說：「他的如意算盤是，在史波肯地區鬧個轟轟烈烈的大案子，等著被捉坐牢，就可和舊愛再續前情。」

雷根總統一九八四年競選連任時，某天有位紐約州警察在限速六十五英里的高速公路上，見到一輛舊別克汽車以時速二十五英里龜速行進。警察要駕駛人開到路邊，立刻發現地板上和前面的乘客座有好幾把槍跟好幾百發子彈。

警察問他：「你究竟打算幹嘛呀？」

他答說：「我預備宰了跟雷根唱反調的候選人。」

警察立刻將他逮捕，送進紐約市北邊一家精神病醫院觀察。由於這名男子威脅要殺害總統候選人，祕勤局情報處獲報後，派兩名探員前來訪談。起先，這個病人的精神科醫師不同意執法人員訪談病人。後來他同意，若是探員卸下槍枝、手銬，也不帶無線電和公事包，就准他們訪談。

其中一名探員說：「這名男子表示很高興見到我們。他說，他敬愛祕密勤務局，願意知無不言、言無不盡。」

但是，他要求探員必須先和他一起禱告。

這位探員說：「我們闔手、低頭，就和他一起禱告起來。此時醫師走了進來。感謝上帝，他沒把我們當成瘋子，一起關起來。」

新聞傳出民主黨總統候選人哈特和唐娜・萊絲的緋聞時，雷根剛從一個晚宴出來回到白宮。

前任探員賀瑞斯科（Ted Hresko）說：「我們進了要到白宮二樓寓邸的電梯，門將關上，一名幕僚擋住，向雷根報告了萊絲和哈特的這段新聞。」

雷根點點頭，眼睛望著探員。他說：「男孩子總是男孩子呀！」

等到電梯門關上，雷根對賀瑞斯科說：「可是，大男孩當不了總統。」

13. 彩虹

如果南西・雷根那些加州闊佬富婆朋友告訴她，她們比她先拿到《時尚》（*Vogue*）雜誌或《仕女》（*Mademoiselle*）雜誌，白宮幕僚就要遭殃了。因此，白宮的助理僕役長皮爾士最怕把郵件呈遞給南西。

皮爾士說：「她會朝我大發脾氣。如果她訂的雜誌晚到，或是她在加州的朋友已經收到而她卻還沒收到，她就會質問我們為什麼她還沒收到雜誌。」

白宮僕役就得跑遍華府書報攤去找，而這些書報攤往往也還沒到貨。

一個風和日麗的下午，皮爾士拿信件送到白宮二樓寓邸給南西。南西的愛犬雷克斯趴在她腳邊。

雷克斯是雷根送給太太的聖誕節禮物，皮爾士和牠已經混熟了——至少他是這麼認為。

白天的時候，位於白宮一樓前門內的僕役室經常是白宮寵物打盹的地方。但是，也不曉得為什麼，這一次雷克斯見到皮爾士卻不太高興。皮爾士回頭告退時，雷克斯一口咬住他腳踝，不肯鬆口。皮爾士以手指指著牠，要牠鬆口。

南西卻朝皮爾士動怒：「你怎麼可以對我的狗狗比手指！」

打從雷根進入政界，南西就一直在幕後操縱著他。南西在她的回憶錄《輪到我了》（*My Turn: The Memoirs of Nancy Reagan*）中寫道：「我有沒有給隆尼建議？當然有啊！我最瞭解他了！何況，除了全力幫助他之外，我是白宮裡面唯一沒有自己個人盤算的人。」

在白宮負責總務工作的助理羅吉斯（John F. W. Rogers）說：「雷根夫人是個要求很嚴格、做事很精準的女人。她唯一的目標就是協助丈夫一帆風順。」

南西的建議大多數相當實在。她的解釋是：「雖然我深愛隆尼，但也不能不承認他至少有一個缺點：有時候對他周遭的人太天真了！隆尼往往只看到別人好的一面。做朋友來講，這是很好的特質；在政治上，這會出問題的。」

曾在雷根白宮服務過的一名祕勤局探員說，代號「彩虹」（Rainbow）的南西「很冷淡」，「她有四位住在洛杉磯的閨中密友，就這麼幾個朋友。她和子女相處，也是如此相敬如『冰』。她很明白地讓子女知道，如果他們要見爸爸，得先向她請示。這是家規！不是說他們不能見他，而是『我會讓你們知道適合不適合，以及你們何時可以見他。』她可真和常人不一樣啊。」

雷根的女兒佩蒂・戴維斯（Patti Davis）跟南西一樣，很不好相處。探員陪著她在紐約時，她會在座車等候紅綠燈時就跳車，企圖甩開隨扈。她覺得隨扈很討厭。

阿布拉克特說：「有一次到紐約市去，她和當時的男朋友影星彼得・史特勞斯約會。戴維斯小姐又玩起以前到紐約的相同把戲，對隨扈探員很不尊重。史特勞斯對她的行為不以為然，告訴她：『妳最好是開始尊重這些探員，否則我就回洛杉磯去了。』」

阿布拉克特說：「你猜怎麼啦，大小姐竟然對我們好多了。」

另一位探員說，南西是大小事都要管，連她丈夫和祕勤局探員們打屁說笑，她都要干涉。這位探員說：「雷根平易近人，很容易跟大伙兒搞成一片。他是個偉大的溝通者。他希望和大家交好。他太太可就大大相反。如果她看到他和探員講話，而且像哥兒們有說有笑，她就把他叫開。她當家做主！」

阿布拉克特轉述某位探員所說的一則親身經歷的故事：「農莊裡有一隻狗，探員們一逗牠就吠。有一天夜裡這隻狗吠了起來，南西很生氣，告訴總統說：『你去告訴探員們，別再逗那隻狗了。』」

很顯然，狗吠聲吵了她清眠。南西的堅持程度和狗吠一樣堅決，雷根只好說交給他吧，就走出臥房。

阿布拉克特說：「他走進廚房，站在那裡一會兒，拿了一杯水，又回到臥室。他說：『好啦，我已經處理了。』他不想讓探員們為難。他實在是個紳士啊！」

雷根卸任那一天，他搭乘空軍一號回到洛杉磯。飛機棚旁邊已搭起露天座位，歡迎的群眾請來南加州大學樂隊助陣奏樂。

一名探員說：「他站在那裡的時候，有位南加大學生脫下足球校隊的頭盔。他喊了一聲：『總統先生！』就把頭盔擲過來。雷根手腳俐落，將頭盔接住，往頭上一戴。全場歡聲雷動，開心極了。」

但是南西卻湊過來，附耳對他說道：「立刻把頭盔拿下來。你看起來像個呆子！」這名探員說：「他神色一變，就乖乖取下頭盔。一向都是這樣。」

固然雷根和南西伉儷情深，他們也和一般夫妻一樣，偶爾會有齟齬。

空軍一號服務生巴摩提到雷根夫婦時，說道：「他們鶼鰈情深，不時也會擁吻。」可是也會為吃什麼這些小事彼此生氣。巴摩說，總統有時候牛脾氣上來了，南西也沒輒。

巴摩說：「有一次我們到阿拉斯加去，南西把什麼都穿上了。她一回頭，問說：『你的手套呢？』他說：『我不要戴手套。』她說：『喔，你一定要戴。』他還是堅決不戴。」

巴摩說，雷根最後把手套帶在身上，嘴裡直說，戴了手套怎麼跟人握手啊！他說他絕對不戴，果真也沒戴上手套。

南西試圖限制丈夫只吃健康食品，但只要南西不在身邊，雷根就換上自己愛吃的菜餚。

巴摩說：「她對他吃什麼十分關心。可是只要她不在，他就換口味吃。他喜愛義大利通心粉和起士。她則絕對不碰這些東西。如果菜單上出現了，她就會說：『你不能吃這個。』」

卡特的白宮大肆宣揚不喝酒，其實最不愛喝酒的是雷根夫婦。

巴摩說：「除了偶爾喝杯淡酒外，我只服侍雷根夫婦喝過四杯烈酒。」

當他們回到農莊時，每天午餐後雷根夫婦都要一起騎馬走走。儘管他在西部電影裡是個牛仔，但雷根騎馬時一身英國式配備。他通常騎墨西哥總統羅培茲（Jose Lopez Portillo）送給他的一匹灰馬。雷根堅守他每天騎馬的習慣。

前任探員杭敏斯基說：「他會走到住家外的馬廄，上好馬鞍，打理好一切。馬廄裡有個三角形的鐵鈴，他會敲響鐵鈴，通知南西：馬匹已經準備好了，請妳出來，我們出發吧！」

有一天下午，雷根已經敲鈴，南西卻未現身。後來他走進房子催駕。兩人走出來時，神色似乎不太痛快。此時，白宮通訊處的一位技術人員告訴杭敏斯基，他發現農莊的電話系統有問題。有一具電話顯然沒掛好，他想檢查一下。杭敏斯基准許這位技術人員進屋子。這位技術人員很快就跑出來，手裡拿著一具摔壞了的電話。

杭敏斯基說：「她正在講電話，因此沒到馬廄來。南西其實從來就不喜歡農莊生活，只是因為總統喜歡，才陪他去。除了騎馬，她幾乎都留在屋子裡，而且大部分時間黏在電話上，和洛杉磯的朋友聊天。對於總統來講，一天當中最重要的一件事就是和太太一起騎馬，邊走邊聊。由於她在電話裡喋喋不休不走出來，他於是氣得摔電話。」

除了回到加州農莊騎馬，雷根也在華府西南的陸戰隊匡提科基地、大衛營，以及華府的岩溪公園騎馬。他的隨扈探員由聯邦公園警察訓練出騎馬的本事。有一位女性探員芭芭拉・芮姬（Barbara Riggs）是個高明的騎師，不需要再訓練。芮姬在一九七五年加入祕勤局，是祕勤局有史以來第十個女性探員。祕勤局在一九七一年首度招聘女性探員，當時共有五名新人入列。

芮姬和雷根已經熟悉到可以彼此直呼名字的程度。有一次她騎著自己的馬，卻跌出腦震盪。當她銷假上班，雷根請她到白宮二樓寓邸，送給她一本書《騎術原理及馬匹訓練》。雷根向她霎霎眼，建議她好好溫習功課。

芮姬說：「沒錯，我碰過性騷擾，也有人認為女人不應該當執法探員，因此昇遷遇阻。有些人就是認為女人在身心兩方面都不適合幹這行。但是我也碰到許多人愛護我、提攜我，給我大好機會。」

二〇〇四年，芮姬成為祕勤局有史以來第一位女性副局長。現在祕勤局共有三百八十名女性探員。

第八位祕勤局女性探員派翠西亞・貝可福（Patricia Beckford）說：「你總會碰到恐龍。你必須證明自己的才幹。但是在某個時點，他們會發現我們的槍法毫不遜色。」

14. 賀根巷道

固然外界都說，祕勤局的探員可能必須替總統擋子彈。其實祕勤局給學員的指令並不是這麼單純。

一位探員說：「我受到的訓練是，若遭遇攻擊，貼身隨扈的首要任務是掩護和撤退。我們在保護對象周圍築成一道人肉圍牆，把他弄離危險境地，到達比較安全的地方。如果在撤離過程中有哪個探員挨了子彈，那是預想得到的事情。我們依賴各層維安去對付攻擊者，內層侍衛的主要功能是盡快撤退。」

前任探員道寧說：「人們老是問我：『老兄，你真的會替總統擋子彈喲？』我會跟他說：『你以為我神經有病喔？』我們會做的是盡全力不讓人挨子彈。這才是祕勤局的任務。我們要做好準備，鉅細無遺地做好先遣準備，也就是妥當訓練，以免在執行任務時有任何差池。」

此中關鍵是位於馬里蘭州勞瑞爾市（Laurel）的羅雷訓練中心。這個訓練中心位於一個野生動物保護區和一個土壤保存區之間。森林可以掩蓋受訓探員和制服處員警搞出來的槍聲、輪胎尖叫聲和彈藥爆炸聲。這個占地四百四十英畝的訓練中心是以祕勤局前任局長羅雷的名字命名，許多建築物也以歷任同仁之名命名。羅雷是甘迺迪總統遇害時的局長，後來推動了許多革新。

由綠瓦和石牆構成的教學大樓，儼如一棟社區學院大樓。它也是以前任局長梅勒提（Lewis C. Merletti）之名命名；梅勒提現在是克里夫蘭市布朗足球隊的保安主任。

華府市區祕勤局總局牆上的照片訴說昔日光榮事蹟，可是梅勒提大樓的照片卻呈現黯淡的一面：處理證物是多麼困難、失敗的苦果是多麼沉重，完全在這裡展現出來。這裡有甘迺迪總統遇刺的照片、有一九〇一年麥金萊總統出殯行列的照片。而一九〇一年也是國會非正式要求祕勤局負起保護總統安全任務的一年。

一九五〇年代以來，探員接受正式訓練，沿著牆面是歷屆畢業班合照。當年的學員人人戴著軟呢帽，六〇年代學員理小平頭，七〇年代為膨鬆大頭髮，今天則是回歸「正常」的髮型。

新近探員來到這裡接受為期十六個星期的訓練，另外還要在喬治亞州葛林科（Glynco）的「聯邦執法訓練中心」受訓十二個半星期。要申請加入祕勤局當探員，必須是美國公民。始任時，他必須至少屆滿二十一歲，但不得超過三十七歲。

探員必須具備四年制大學學士資格，或是三年的犯罪調查或執法工作經驗，熟悉有關刑事法令之知識與應用。視力標準為裸眼不得低於20/60，戴眼鏡的話不得低於20/20。除了通過身家背景調查之外，也必須接受藥物測驗和測謊，才能夠獲聘並得以接觸高等情資。

每年訓練中心有七到十一個班、每班二十四名探員或制服員警新人結業。即使訓練中心位於勞瑞爾，探員們卻習慣拿鄰鎮的名字「腰帶鎮」（Beltsville）稱呼它。訓練中心裡頭的路名也很有意思，「槍械路」、「靶場路」、「行動路」、「周邊路」統統都有，就是不要有「伏襲路」——實際工作上就會碰到伏襲了。

在祕勤局探員稱之為「賀根巷道」（Hogan's Alley）——聯邦調查局在維吉尼亞州匡提科的訓練學校也有一條賀根巷道，兩者不可混為一談——的路上，躺著一具屍體。制服處警員坐在一個小型高臺上，向下俯瞰街道，觀看四名身穿黑色作戰制服的同僚，操練清查建物、設法剷除歹徒。除了一棟真正的兩層樓樓房和一個冷飲販賣機之外，這個一條街廓長的村子真像好萊塢製片廠裡的場景，有假的五金店、旅社、餐廳、酒吧和銀行；真實的汽車停在這些商家門口。突然間，躺在街上的「屍體」又活了過來，起身、走開，代表演練完畢。

人質、歹徒和屍體等角色，由教官們扮演。喬治王子郡特種武器作戰小組退休組長和其他若干特種作戰專家受聘來主持這類訓練。他們講授大場面實戰經驗，講解碰到行刺時該怎麼辦，也講解其他細節，例如如何從垃圾桶中找出小東西。最重要的是，探員們受到訓練在聽到槍聲時不能退縮，而是要立刻反應——例如掩護保護對象，迅速離開現場。不過，訓練中心在這裡掛出招牌，強調這是一個模擬攻擊地區，警告大家：「不得攜帶武器超越這一道線。」

教學組組長助理麥唐諾（Bobbie McDonald）就某一演練課程說明給我聽，他說：「我們看到的是他們如何發掘問題、是否提醒同僚警戒、如何針對狀況做出反應。他們有找掩護嗎？他們拔槍的方式和時機是否合宜？他們是否當機立斷，該開槍就開槍呢？這一槍打得好，或打得不好呢？」

在這個戰術訓練村的另一個地方，一輛黑色箱型車緩緩開過，車上是接受在職訓練的反攻擊小組成員。身穿黑色作戰制服，長槍在手，眼睛躲在太陽鏡後，從箱型車車窗掃描搜尋可疑動靜。

再往前走，車隊附近有一枚煙霧彈引爆。反攻擊小組跳下車對付他們從車上發現的狀況——不論是車隊遭伏襲、自殺炸彈客，還是一名槍手。或許爆炸只是意圖分散探員注意力，另有實際威脅。小組長發現樹林裡有狀況，一名狙擊手躲在樹後。狙擊手被制伏後，教官宣布「狀況」已經解除。反攻擊小組立刻跑回箱型車上。車隊重新集合後，開到校園別的地方，繼續進行其他操練課程。

戰術訓練村另一區是白宮大門及檢查哨站。檢查哨站三不五時會吸引一些飛鳥誤入，卻因找不到窗子而亂竄。祕勤局訓練中心散布著好幾個白宮制服處員警檢查哨站的複製品，一樣的尖屋頂白色亭子。

在某個檢查哨站演練的是如何處理跳牆者。這個區塊有兩條街長，仿白宮附近街道標示出相同的路名招牌。建築物也更堅固，不像原先那一區只是稍做布置，此區還有一棟八層樓樓房，供反狙擊手小組練習射擊。

學員也在此地演練拉起隔離繩後的戒護區維安作業，他們輪流扮演保護對象。學員在密室盤問「對象」時，這個對象通常是外聘的角色扮演者——可能是演員或退休的警官。學員們學習如何找到施壓點，突破殺手或是過度興奮的崇拜者之心防。外頭還上演「即刻行動練習」：車隊遭到伏襲，敵我雙方駁火，有些東西被炸。

許多這類演練從「機場」開始，假設所有飛機皆已停在地面。有一架假的空軍一號，或許應該稱之為空軍半號，永遠停在跑道上，它只有總統專機的前半段，總統徽記栩栩如生。在它附近是同樣不能飛的偽裝版陸戰隊一號直昇機。

至於維安作業的駕駛課程，一般學員要上二十四個小時的駕駛技巧課。如果要派去隨扈隊開車，還要再加四十個小時的進階訓練。

巨大的停車場彷彿你在電視廣告上看到的超越障礙訓練駕駛場地或是實境秀。他們用的是高力道的道奇Charger這款車子來加速脫離駁火現場。為了反制殺手的射擊，他們要學習

J字轉彎——倒檔以高速度後退，再做一百八十度轉彎。

學員們學習蛇行、躲閃路障、衝開障礙物和其他車輛。如果保護對象的座車故障，他們要學習如何推它、如何用自己的車掩護它。倒車時，為了把方向盤控制得更好，他們要學會不要半轉身從後車窗望出去，而是利用兩側後照鏡來閃避障礙物。

探員們還要接受八至十二個小時的游泳訓練，其中一個項目是直昇機墜海後的逃生術。

事實上，一九七三年五月尼克森總統的隨扈探員戴垂克（J. Clifford Dietrich）就是如此喪生。美國陸軍一架直昇機在巴哈馬倒栽蔥墜入大西洋水面下兩百碼處，戴垂克無法解開座位安全繫帶，慘遭淹死；飛行員和同機的六名探員則獲救。

訓練中心有幾個室內和室外靶場，學員和探員定期要回來接受手槍、獵槍和自動武器的射擊測驗。

麥唐納說：「我們在這兒教的一切，希望它們永遠不需要用上。」

一名探員說，如果需要擋子彈，「那就是某個環節出問題了。如果真是必須如此，我不認為這是要先想一下再去做的事情。基本上你只是要讓保護對象脫險。如果你挨了槍，也只有認了。但是，整個目標是你和他都能毫髮無傷脫離現場。」

15. 「我忘了躲了！」

有一天從加州農莊回來後，雷根總統和隨扈聊天，談到天天被維安人員包圍，實在不好過。

雷根說：「我真希望能像平常人一般走進一家店，來到雜誌架，像以前一樣東翻翻、西看看。」

探員建議他，若要去就得臨時一動念就走，才能降低風險。他進到店裡後，他們會封鎖出入口。

前任探員杭敏斯基說：「情人節快到了，他說他希望到華府一家卡片店挑張卡片送夫人。因此我們組織一支小型車隊。總統下車，進到店裡。他就這麼逛起來，十分愜意。」

同一時間，店裡也有一名男子在挑選卡片。

杭敏斯基說：「雷根挑了一張卡片，回頭看看這位男士，把卡片遞到他面前，問他：『嗨！你認為南西會喜歡嗎？』」

起先，這名男子說：「喔，你太太一定會喜歡它。」

然後，他一擡頭。他說：「哇噻！老天，你是總統大人呀！」

過後不久，雷根就會明白為什麼總統需要維安保護。一九八一年三月三十日下午兩點三十五分，二十五歲的辛克萊在雷根發表完演講、步出華府希爾頓飯店時，朝他開槍射擊。

當天，民眾可在雷根離開旅館時迎接他。而當時的金屬偵測器也只在白宮等定點使用，總統出了白宮就用不上它了。因此之故，沒有人受到檢查。辛克萊和記者們都擠在人群中，他欺近到離雷根只有二十英尺的地方。

探員提摩太．麥卡錫（Timothy McCarthy）出於本能反應，撲到雷根身前，右胸中彈。子彈穿透右肺，撕裂他的肝臟。雖然過去有過祕勤局探員和制服處員警在執行維安任務過程中受傷或殉職的事例，但麥卡錫是第一個真正替總統擋子彈的探員。辛克萊在一秒半之內連開六槍。除了麥卡錫之外，華府大都會警局警察德拉漢提（Thomas Delahanty）和白宮新聞祕書布瑞迪（Jim Brady）都受了傷，尤其是布瑞迪腦部傷勢嚴重。

另一位探員丹尼斯．麥卡錫（Dennis McCarthy）——和提摩太沒有親戚關係——第一個推倒辛克萊。起先，他以為他聽到的是鞭炮聲。

丹尼斯・麥卡錫說：「第二槍之後，我才知道那是槍聲。此時，我心裡湧起慌張的感覺。我知道我必須制止它。」

第三槍之時，麥卡錫發現八英尺外的電視攝影機具中間有一雙手抓著一把槍。麥卡錫死命撲向那把槍，撞倒仍在開槍的辛克萊。

麥卡錫說：「我身子還在半空中時，突然冒出急切之情：『我一定要阻止他！我一定要阻止他！』」

以作戰姿勢半蹲站的辛克萊被麥卡錫撲倒，殺手並沒有抵抗。麥卡錫記得聽到快速的喀哩、喀哩聲，辛克萊在六發子彈用完之後仍繼續扣扳機。麥卡錫一向不知道一旦槍戰發生，自己會如何反應。現在，他知道了。

雷根總統也和麥卡錫一樣，起先以為聽到的是鞭炮聲。

雷根後來說：「我已經快走到轎車邊了，突然聽到左方有兩、三響類似鞭炮的響聲。我轉身問：『究竟怎麼啦？』就在這時，祕勤局的組長傑利・巴爾抓住我腰部，把我推進轎車後座。我的臉碰到後座椅子的扶手，巴爾跳到我身上。」

巴爾告訴我說：「我記得有三、四發快槍。我在夏迪克（Ray Shaddick）探員掩護下，把總統推到另一位正好開著車門的探員背後。我把總統塞進車子，另一名探員趕緊關門，我們就快速離開現場。」

轎車開始往白宮加速行進。

巴爾說：「我檢查了一下，沒發現他身上有血。經過十五、二十秒，我們來到杜邦圓環。雷根總統從演講餐會抓了一張餐巾紙，此時拿它來擦嘴。他說：『我大概咬破嘴了。』」

巴爾注意到血的顏色鮮亮，又有泡沫。他知道這是危險徵兆，便命令司機開到喬治華盛頓大學附設醫院。這是事先已選定，萬一有醫療需求時要求助的對象。

後來發現，總統若是再晚個幾分鐘到達醫院，大概就掛了。直接趕赴醫院，可能把他從鬼門關前救回來。

雷根記得，當他們快到醫院時，他突然發現自己呼吸困難，「無論我怎麼用勁，就是吸不夠氣。我害怕，開始著慌。我沒辦法吸進氣。」

巴爾說，事實上，「直到到達醫院，我都不知道他中彈。我們進到醫院，他就倒下了。」

雷根躺到推車時，覺得肋骨附近非常疼痛。

雷根說：「我最擔心的還是呼吸困難，即使醫生在我喉嚨塞了呼吸器，還是不管用。每次吸氣，只覺得越吸越少。我記得自己從推車上仰望，試圖把視線投注在天花板。然後，我大概昏過去好幾分鐘。」

雷根恢復意識時，感覺到有人握著他的手。

他說：「那是一隻女性柔軟的手。我感覺到它碰觸我的手，緊緊握住。它給了我神奇的感覺。即使到現在，我也很難描述它給我那一份神奇的、貫注信心的感覺。一定是護士蹲在推車旁邊、緊握我的手。但是我看不見她。我開始問：『是誰握著我的手？是誰握著我的手？』」

雷根再次睜開眼時，看到他太太南西。

他不忘幽默地說：「蜜糖，我忘了躲了！」

幸運之神特別眷顧，當天下午醫院裡大部分醫師正好都在院裡參加醫學會議，與急診室近在咫尺。

雷根說：「幾分鐘之內，急診室就擠滿了各科專家。有位醫師說，他們要替我動手術。我說：『我希望你是個共和黨員。』他看看我，回答說：『總統先生，今天我們都是共和黨。』我也記得有位護士問我感覺如何，我說：『但願我是在費城。』」那是名演員費爾德（W.C. Fields）的墓誌銘。

外科醫師找到一顆子彈打穿了肺，卡在離雷根心臟一英寸的部位。如果他穿上防彈背心，子彈很可能就不會打穿他身體。

雷根後來解釋說：「早先許多公開場合，祕勤局都要我穿上防彈背心。那一天，雖然我是應邀去向不怎麼支持我的經濟復甦方案的死硬派民主黨人演講，沒有人想到我需要穿上鐵布衫，因為我只有三十英尺的『曝險空窗』，必須從旅館大門走上車而已。」

祕勤局探員賈維斯站在白宮南草坪上。為了老布希總統造訪奧克拉荷馬州的先遣作業，賈維斯曾去拜訪一位靈媒。由於靈媒預言布希將遭到狙擊手暗殺，祕勤局最後更改了車隊的行進路線。（照片由美國祕密勤務局提供）

已婚的安格紐副總統（右一）雖然極力倡導家庭價值，但祕勤局探員都知道他在任內與其他女子有染。（美聯社）

祕勤局探員手持SIG紹爾P229手槍。反攻擊小組另外也配備史東納SR-16全自動步槍。(照片由美國祕密勤務局提供)

總統進入或離開白宮的時候，祕勤局制服處的反狙擊手小組會加以掩護。(照片由美國祕密勤務局提供)

芭芭拉・布希（左）和珍娜・布希・海格常讓祕勤局探員頭痛不已。珍娜會企圖甩掉隨扈，所以探員們只好監視她的車，好知道她何時要離開白宮。（美聯社）

代號「反叛者」的歐巴馬總統對待探員既體貼又尊重。探員說雖然他宣稱要戒菸，但仍持續在抽。（美聯社）

參觀羅雷訓練中心的國會議員和其他重要人物並不知道，探員們偷偷排練過這些「突發」場面。（照片由美國祕密勤務局提供）

1981年3月30日，雷根總統離開華府的希爾頓飯店之時，辛克萊開始對他槍擊，祕勤局探員提摩太・麥卡錫撲到雷根身前，胸口挨了一記子彈。（美聯社）

第一批女性探員於1971年加入祕勤局。該局目前有三百八十名女性探員。（照片由美國祕密勤務局提供）

馬里蘭州勞瑞爾市的羅雷訓練中心，新探員要學習如何應付攻擊事件。（照片由美國祕密勤務局提供）

祕密勤務局的警犬單位主要是比利時馬林諾斯犬，大多受過嗅聞炸藥和攻擊入侵者的訓練。（照片由美國祕密勤務局提供）

如果有人跳牆試圖闖進白宮（就像照片中2004年2月這起事件），祕勤局制服處緊急應變小組是第一道防線。（美聯社）

近幾年，若總統或候選人在大型活動場合即將開始演講而民眾仍大排長龍等待入場，祕勤局常在總統候選人或白宮的壓力下停止金屬偵測安檢作業，導致發生刺殺案的風險升高。（照片由美國祕密勤務局提供）

曾任隨扈隊隊長、2004年從祕勤局副局長職位退休的史華里格斯說：「幕僚要求加快或停止金屬偵測安檢作業，我是絕對不會退讓的。」照片中是他（右一）陪柯林頓總統一起跑步。（照片由美國祕密勤務局提供）

祕勤局要為國家特殊重大事件提供維安保護，這些事件包括奧運會、總統就職典禮、兩黨總統候選人提名大會，以及教宗來訪。(照片由美國祕密勤務局提供)

就職典禮後，歐巴馬總統及第一夫人蜜雪兒步下「野獸」的地點已由祕勤局事先安排好。自歐巴馬上任之後，針對他的威脅情資比小布希多了整整四倍。(美聯社)

巴爾說：「我有些同僚說：『換了是我，我會把他送回白宮，因為白宮是最安全的地方。』你若把總統送到醫院，會有個風險。如果他並沒受傷，你會把全國上下嚇壞。在這一個案例上，我們是做對了。而且（喬治華盛頓大學）醫院有個外傷團隊，處理槍傷的經驗十分豐富。」

對於巴爾來講，從來也沒想到有一天必須做這樣的決定。他在一九六二年，即甘迺迪總統遇刺身亡的前一年加入祕勤局。

巴爾說：「我們從來沒忘記這件事，也從來不希望它發生在我們值勤的時候。不幸的是，悲劇幾乎就發生在我值勤時。」

前任探員阿布拉克特現已轉任祕勤局羅雷訓練中心資深講師，傳授探員們局裡從過去的行刺案學到的教訓。他說：「把（雷根）架離現場的探員，每樣事都做對了。由其他探員去負責制伏凶手。」

他說，回想起來，「或許（其他探員）他們也應該跳進其他汽車，跟著保護對象轉進，而不是留下來，試圖捉拿辛克萊。畢竟已有警察在現場抓人啦！所有的探員都會想到調虎離山計：這是主要攻擊嗎？還是惡棍想要我們（在第一現場）投入所有資源，然後他們可在我們轉進時趁虛攻打我們？因此，是否應有更多探員要隨雷根轉進，是個頗難取捨的事情。我們教導探員要跟著保護對象，以確保轉進成功。」

在醫院，聯邦調查局沒收了雷根總統可發動核子武器的授權卡，認為雷根身上的任何東西全是證物。由於對總統接受緊急外科手術時政府應該如何運作，過去並未訂定作業方針，這時候誰有權發動核子攻擊，並不清楚。

美國憲法第二十五修正案規定，只有在總統以書面向參議院和眾議院表示他不能視事時，副總統才能代行總統職權。如果副總統和內閣閣員多數認為總統無法執行其職權時，他們可以使副總統代理總統。可是，這麼做需要時間安排。

副總統布希固然可以肩負起責任，與國防部長透過安全的電話線路溝通後，發動核武攻擊。不過他是否有合法權限可以這麼做，殆有疑義。後來布希當選總統，他的政府起草了一份十分詳盡的機密計畫書，可在總統病情嚴重時立刻移轉權力。

辛克萊在槍擊雷根之前，即因看過影片《計程車司機》（*Taxi Driver*）而迷戀上片中女星茱蒂佛斯特（Jodie Foster）。這部一九七六年的電影，情節是一名情緒不穩定的男子陰謀行刺一名總統候選人。勞勃狄尼洛（Robert DeNiro）扮演的男主角是以行刺華萊士州長（George Wallace）的凶手布里梅（Arthur Bremer）為根據。辛克萊一連看了好幾次影片後，開始跟蹤茱蒂佛斯特。就在動手行刺雷根之前，他還寫信給她，表示：「茱蒂，妳將以我為榮。數百萬美國人將會愛我——我們。」

一九八〇年十月九日，大約是他攻擊雷根的六個月之前，辛克萊在田納西州納許維爾機場企圖攜帶三把手槍登機而被捕。當時，卡特總統正在納許維爾，競選總統的雷根則因故取消當地行程。

由於雷根遇刺事件，祕勤局開始使用金屬偵測器在大型活動過濾群眾。槍擊事件時逮捕辛克萊的史畢里格斯（Danny Spriggs），後來出任祕勤局副局長。他說：「我們開始找尋適當的距離拉出封鎖線，將群眾隔開。距離遠近要看環境而定。」

祕勤局也學乖了，把媒體和圍觀群眾分隔開來，並且嚴密戒備以防有心人士假扮記者，混進採訪團隊。一名探員奉派監視採訪團隊，而記者團也會舉報試圖滲透進來的人。

祕勤局也從甘迺迪總統遇刺事件學到教訓。它增加編制員額、增加情報資料庫並予以電腦化、增加先遣作業及情資作業的探員、成立反狙擊手小組、擴張訓練功能，改進與其他執法及聯邦機關的聯絡工作。

奉派改進訓練過程的探員魯德說：「甘迺迪遇刺前，訓練課程往往是找資深探員來話當年，說說光榮事蹟。當時大部分的現役探員從來沒什麼訓練可言。」

現在祕勤局還與若干外國情治機關互換情報、交流技術。以色列總理拉賓（Yitzhak Rabin）遭到暗殺之後，祕勤局和以色列的國家安全局「辛貝」（Shin Bet，譯按：以色列負責國內安全的情報機關）會商一個星期，互相交換情資。

與辛貝會商期間負責國際聯繫業務的祕勤局探員道寧說：「拉賓遇刺案與辛克萊刺殺雷根案有許多共同之處，都發生在車隊要出發的地點。」

辛貝官員坦白講出他們自己的缺陷。

道寧說：「對於他們來講，這是很傷感情的事，尤其是凶手在車隊附近已徘徊多時，應該早就被注意到行跡可疑。我們在辛克萊案上也經歷累似的狀況。我們已知道某人很明顯正在跟蹤總統，過去也跟蹤過總統。原因不在這個人認為雷根是壞人，或是他認為卡特是壞人。他們感到興趣的是這個職位、這個權威。」

雷根遇刺後約一年，祕勤局華府分局開始接到某人的電話，威脅要殺害總統。這傢伙會說：「我要槍殺他。」然後就掛斷電話。

杭敏斯基探員奉派在情報組值班，由於看過祕勤局稱為「密報」的報告（記載前二十四小時發生的事故），他曉得有此一威脅電話。有一天上午，杭敏斯基正在閱讀密報，有電話打進位於十九街和賓夕凡尼亞大道交叉路口的祕勤局華府分局總機。由於杭敏斯基當天最早到班，他就接了電話。

來電者說：「嗨！我又打來了。你曉得我是誰。」

杭敏斯基答說：「不，我不曉得你是哪一位。」

他說：「喔，我就是那個要殺掉總統的人。」

杭敏斯基說：「老兄，幫個忙好嗎？我才剛開門進來，從牆上的電話接聽，還站著呢。你能不能撥我桌上電話，我好坐下來和你聊聊？」

這傢伙同意，杭敏斯基就給了他直撥號碼。

當年，祕勤局和電話公司有一種安排，探員若通知電話公司主管，即使電話來自未登錄之號碼，電話公司都必須立刻追蹤電話。杭敏斯基立刻致電電話公司主管，給了他桌上直撥號碼，請他追蹤所有的來電。他心裡頭認為這名男子不會笨到打這個號碼。

杭敏斯基說：「我走回我的桌子，乖乖！他打來了。於是我們開始談話，我把對話全都錄音下來。」

這名男子說，他有一把裝了望遠鏡的步槍。

他說：「我預備瞄準、扣扳機，把他的腦袋像南瓜一樣打碎。」

杭敏斯基說：「嘿！這是很嚴重的事喔。我們碰頭談談好嗎？」

這名男子嚷起來：「你以為我瘋啦？」就把電話掛了。

電話公司來電說，這名男子是從紐約大道一具公共電話打過來。杭敏斯基抄下公共電話地點，衝出大門；此時，另一名探員剛好要進來上班。

杭敏斯基說：「鮑布，跟我來。我在路上再跟你講怎麼一回事。」

他們衝到車庫，分別跳進公務車，風馳電掣跑到紐約大道和十一街路口，當時是灰狗客運公司車站所在地。

杭敏斯基說：「我們四處張望，沒看到任何人。但是附近有一輛賣咖啡的早餐車。我們就走過去問那位早餐車小販：『你有沒有看到剛才有人在那具公共電話講話？』」

小販說：「有啊，差不多七點四十五分左右有個人在那兒講電話。」

他講了那個人大約的身高、體重，又說他穿藍色長褲、藍色襯衫。小販所說的時間吻合杭敏斯基在分局裡接到電話的時間。杭敏斯基再問小販，怎麼會注意到有人打公共電話。

小販解釋說：「通常我在早上八點鐘把早餐車開來。可是今天剛好早來了，我的常客不知道我會早來，所以我並不忙。我就坐在這兒，望著電話亭發呆，看見這個人講電話，湊巧就記得他的容貌長相。」

兩名探員跳上車子。杭敏斯基往東、另一名探員往西。這時候，杭敏斯基發現一名男子吻合小販描述，正在利用客運車站外牆上的公共電話通話。

杭敏斯基打個U轉，掉頭，把汽車停在對街。他悄悄走到男子背後，聽到他以中西部口音在講話，而且正是稍早和他通話者的聲音。

杭敏斯基說：「我一把抓住他的頸背，把他的腦袋塞進電話和框架中間的空隙，搶過話筒。」

他對著話筒說：「我是祕勤局探員杭敏斯基。你是哪一位？」

電話另一頭傳來：「哇！這麼快呀！」他是祕勤局分局另一名探員，他說這傢伙剛來電，威脅要殺害雷根總統。

嫌犯聲稱他正要打電話叫計程車，企圖開溜。杭敏斯基抓住他，推靠到後車箱，將他上了手銬。經過檢查後，法官把他關進精神病院。

祕勤局探員經常碰上白宮幕僚的大頭病。雷根政府末期有一名白宮幕僚就差點因大頭病而被格殺。雷根總統因參加聯合國大會，下榻紐約市華爾道夫飯店，史密斯（Glenn Smith）是隨扈探員之一。史密斯聽到有人大喊：「停！不許動！否則我要開槍了！」史密斯拔出手槍，手指已就扳機位置。此時，一名男子衝出一道門，背後有一名紐約市警員追趕。

這名狂奔的男子原來是白宮幕僚。飯店內檢查哨某個探員要求檢查他的身分，他竟然自以為不得了，拒絕受檢；探員不准他前進，他卻將探員一把推開。警員於是要追他。

史密斯說：「如果當時我有把握瞄準，就會一槍撂倒他。」

很多人見到雷根或是其他總統，就興奮地忘了一切。有一名婦人在人群中把嬰兒往空中拋，史密斯探員必須伸手接住這個小女嬰。還有一位八十歲的老太太緊握住總統的手不放，史密斯必須用力扳開她。更有一位警員為了要總統親筆簽名，竟然開著警車、亮起警示燈飛速衝向空軍一號專機；還好他及時剎車停住。

史密斯說：「再過幾秒鐘，我們就要開火掃射了。」

雷根在任上，從來沒顯示出有阿茲海默症的症狀。史密斯說：「總統隨扈隊有一百二十名探員，他似乎記得每個人的名字。」

但是，一九九三年三月，也就是公布他罹患阿茲海默症的前一年，前總統雷根在他的紀念圖書館接待加拿大總理穆隆尼（Brian Mulroney），並邀他到農莊住宿。穆隆尼要告辭時，問了探員杭敏斯基：「你有沒有注意到總統有點異常？」

杭敏斯基說，是有的，但不曉得是什麼問題。

杭敏斯基回憶說：「他有時候話講到一半就停住，忘了正在說什麼，又開始說起全新的故事。」

雷根卸任三年之後，有一天應邀到俄亥俄州艾克隆（Akron）市演講。和他擔任總統時期的排場完全不同，這次除了祕勤局隨扈小組之外，只有一名祕書陪同。隨扈小組的組長進到指揮所，問道寧探員：「你曉得嗎，總統今天上午一直都一個人坐在房裡。他真的希望有個人能跟他聊聊天。你們介不介意讓他到指揮所來坐坐，跟大家聊聊天？」

道寧說：「太好了，請他過來呀！」

接下來兩個小時，雷根和探員們聊開了，笑話和故事不斷。

道寧說：「他告訴我們，他和戈巴契夫（Mikhail Gorbachev）私下密談。他們兩人同意，不談今天、也不談我們，要談我們的子孫和他們要過什麼樣的日子。」

16.
主秀

要替總統擋子彈，需要特別的堅貞。除了風光和不時旅行之外，有位探員說：「身為祕密勤務局的一員，我視之為自己報效國家的天職，讓我可以在更高層次有所貢獻。」

另一位探員說：「探員們不是保護哪一個個人，而是保護那個職位，因此我們若是擋子彈，是為了那個職位，不是為某個個人。」

這份工作不僅要保護總統，也需要護衛其他探員的性命。

前任探員賈維斯說：「當我以隨扈身分陪伴總統走進一個活動場合時，我曉得、也信賴每個人都會盡忠職守。我們有值班探員，每個位置都有特定職責。因此如果每個人都堅守他的崗位，你就不必擔心自己的安危。有同僚會保護你。你只要專心注意自己當下的任務。探員們彼此間建立起極強大的信賴感。」

賈維斯說：「如果你發覺某人偷懶，或做事馬虎、不徹底，它代表的意義可不僅是：『嘿！這傢伙渾水摸魚，我卻必須和他一起共事。』你會覺得你的性命搞不好有危險。當然，總統的性命也會有危險。因此我們隨扈隊裡互相督促，利用正面鼓勵或負面抵制，要大家一直兢兢業業、毫不懈怠。」

探員們曉得這份工作需要長時間當班，不時要離家出差。祕勤局在網站上的徵募須知裡就講得清清楚楚。

有位祕勤局探員說：「探員們都有一種驅策力。他們是各種怪胎，心心念念只想著如何達成使命，而且堅持要以正確方法達成。」

但是，許多人說，祕勤局的管理團隊毫無必要地使工作更加艱難。特別是祕勤局的調職政策十分不合理，迫使探員尚未到達退休年齡就辭職，增加政府成本。最麻煩的是，它發生在恐怖分子威脅增大、更殷切需要祕勤局維安保護的時刻。

探員們舉出許多個案：很多同僚申請轉調到配偶工作的城市遭到上級否決，可是其他人卻被迫調到此一城市工作。申請調職的探員經常表示自己願意負擔搬家費用，可是，不願意被調到這些城市工作的探員，局裡頭卻願意每人補貼五萬至十萬美元搬家費用，鼓勵他們就任新職。

前任探員潔西佳・詹森（Jessica Johnson）說：「我們加入祕勤局，願意替保護對象擋子彈。

可是，這並不是工作最難的部分。（替保護對象擋子彈）不是我們正常會碰上的事情。風險是有的，但是令工作十分艱難的是管理不當。假如祕勤局有更好的管理方式，就會有更好的工作團隊、更多人不會辭職。」

九一一事件之後，民間部門願意出高薪網羅具有聯邦執法機關工作資歷的人才。通常，祕勤局退職探員被大公司挖角去擔任保全部門副總裁，或是自己開業當保全公司老闆。那些願意留下來、俾便領到全額公職退休金的人，其他聯邦執法機關歡迎他們跳槽的機會也大為增加。

直到一九八四年之前，依照舊的退休制度，祕勤局探員若是轉到其他政府機關任職，就領不到退職金。現在他們可以了。探員若在祕勤局服務滿二十五年，不論任何年紀，就可以申請退休。若是服務屆滿二十年，並且年齡超過五十歲，也可以申請退休。對於政府機關和民間企業而言，祕勤局或聯邦調查局探員都是炙手可熱的網羅對象。

聯邦調查局已採取措施要留住探員，祕勤局卻仍無積極做法。聯邦調查局的做法和祕勤局不同，它的探員服務滿三年後，除非他（她）選擇擔任管理職，否則都可以在同一個城市終身服務。若是選擇擔任管理職的探員，則可以在同一個城市工作五年。

祕勤局則不然。探員服務二十五年期間，一般來說會被調動三、四次。晉入管理職的探員，調動次數可能是五、六次。調動的理由是，探員需要在不同的單位歷練。可是，在甲分局的經驗到了乙分局，未必派得上用場。數十年前，聯邦調查局也採行同樣的政策。但是因為經常調動並無必要，而且導致許多探員離職，聯邦調查局就拋棄了此一做法。堅持這麼做只會增加調動成本，以及訓練新人、填補離職人員的成本。

聯邦調查局探員因為沒有頻繁調動，因此可以和配偶有較好的生活安排。聯邦調查局至少試圖考量探員配偶需在某特定城市工作的狀況，有時候還把它當做「艱苦個案」處理。

根據若干探員的說法，基本上祕勤局把他們當做棋盤上的棋子，不問其個人意願，任意調動。針對調動理由或其他傷害到探員個人生活的政策，祕勤局不僅沒有好好說明，而且往往還高高在上地說，必須調動是「基於工作需要」。如果探員靠山硬、跟高層有關係，就可以例外處理，這一來使得祕勤局探員士氣更加低落。

潔西佳・詹森派在卸任總統柯林頓夫婦於紐約州恰帕瓜（Chappaqua）的寓邸服務兩年後，希望調回她的家鄉加州。

她說：「突然間，他們說沒辦法讓任何人調離紐約。他們說找不到人可以替補我。同一時間，他們卻又發電子郵件公告說，歡迎任何有心到洛杉磯、紐約或舊金山服務的人，不論你在哪，只要申請就可以。因此我就打報告提出申請。我到處陳情、打聽，而他們告訴我：『不行耶，我們找不到人替補妳。因此妳不能走。』」

潔西佳說，同一時候，她接到洛杉磯分局的朋友轉來他們收到上級的電子郵件，表示他們必須調離洛杉磯，派去擔任維安隨扈工作。

她說：「過了一年，我又去找上級，他們給我的說法是：『喔，洛杉磯沒有缺。調到紐約分局可以嗎？』」

經歷三年在紐約服務之後，祕勤局終於同意她調往洛杉磯。「我發現我們的洛杉磯分局短缺十一個人。那麼我要問：我們是如何在四個月內從員額已滿，變成短缺十一個人？」

在其他案例上，祕勤局也不理會配偶在另一城市工作的情況。潔西佳和其他人提到一個案例：洛杉磯的某位探員與夏威夷的一位醫生開始來往，後來結婚；這名探員申請調往夏威夷，因為他太太在當地已經行醫多年。

潔西佳說：「我們在夏威夷有辦事處，因此他調動比她搬家從頭來過要容易得多。可是，當時我們洛杉磯的主管沒擔當。這位探員被告知無法調到夏威夷。他認為婚姻更重要，乾脆就辭職走人。」

事隔一個月，他已搬到夏威夷，申請重回祕勤局服務。夏威夷的主管跟上級關係不錯，又雇用了他。

潔西佳說：「這個案例是，你被告知不能調職，可是其實是看你的上級是何等角色。」

另一個案例，探員柯立希（Dan Klish）接到命令調到洛杉磯。他太太是放射腫瘤科醫師，很難在洛杉磯找到工作。後來她好不容易才在丹佛市找到工作，柯立希便申請調到丹佛或賽揚，也願意自己負擔搬家費用，可以替政府節省公帑約七萬五千美元。但是調職申請未獲批准。一連兩年多，夫妻分隔兩地，柯立希每個月飛到丹佛一、兩次，與太太、女兒團聚。

這段期間，祕勤局卻問有沒有人志願調到丹佛。大約有十人被調到丹佛，有些人的年資較低，而且每個調動案要花政府七萬五千至十萬美元的公帑。

柯立希說：「如果當時沒有缺，局裡面會說：『抱歉，沒有缺耶。你只能選擇這幾個地方。』好了，當你已經接到派令要調到某地，可是還未真正報到，你原本想去的城市卻出缺了，這時候你卻已經不能申請，因為你已經奉調其他地方了。後來你已經異動，他們又調了好些人過去那個城市。探員們彼此之間有強烈的同僚感情，但是除非你有門路和關係，否則祕勤局並不關心底下的探員。」

柯立希在祕勤局服務八年之後，終於辭職，加入科羅拉多州的某個聯邦機構工作。

穆連（Joel Mullen）探員派在華府地區工作，娶了一位海軍法務人員為妻。海軍頒布人事令要將她調到加州聖地牙哥；穆連遂申請調到當地分局上班，又說海軍會支付搬家費。原先已經核准調動，但總局卻擋了下來，即使聖地牙哥分局有缺也不准。穆連和太太開始在聖地牙哥附近興建一棟新居。祕勤局告訴穆連，他可以調到洛杉磯分局去。

穆連說：「我通勤上下班，從家裡到辦公室單程就有九十六英里。我一連通勤十四個月，直到我辭職投入海軍犯罪調查處為止。」

除了失去年資十年的一名探員之外，祕勤局還得再付二十四萬美元，支付穆連的搬遷費用，包括補貼他華府房子貶值的差價損失。

祕勤局沒有一套公開的程序，公告預期的職缺和探員希望請調的名單。一切調動都是黑箱作業。探員如果有靠山，他(她)就可以跳過別人，捷足先登。

擁有一萬二千五百名探員的聯邦調查局，做法就大不相同，它透過網路公告各地分局和辦事處已有多少人申請調入，因此大家一目瞭然，知道誰排隊在前。聯邦調查局探員說，關係和背景在調職上面派不上用場。由於名單公開，如果聯邦調查局悄悄搞徇私待遇，大家都會知道。

祕勤局處理人事調遷作業的電腦程式，要在古董級的DOS作業系統上才能跑，由此可以看出祕勤局對探員意願的重視程度有幾分。

近年來，未達退休年資就辭職的案例大幅增加。祕勤局總共有三千四百零四名探員。他們一半以上的工作時數投入在保護總統和其他國家級領導人，以及來訪的外國貴賓。耗損率日益上升。由於勢頭加劇，祕勤局不願提供每年離職的完整數字，但估計每年大約是五%左右。制服處員警有一千二百八十八人，每年離職率更高達一二%。更令人警懼的是，服務年資達十年的探員們說，跟他們同期受訓的探員，已有三分之一至二分之一離職了。

有一位探員說：「這些離職者是非常幹練的探員，表現優異、極受尊敬。這正是危機的徵兆。」

祕勤局要求當時駐在華府的一位分析師研究如何挽留人手，以及離職率過高產生的成本問題。她發現事態越來越嚴重。政府培訓一名新探員的成本是八萬美元，包含探員薪水以及設備和差旅費用。這還不包括訓練設施的固定成本，以及講師的薪水。

一位現任的探員說：「上級基本上並不接受她的結論，他們認為：『喔，我們並沒有留不住人的問題。』他們聽不進去。」

現在已是不動產經紀人的潔西佳．詹森，敘述她在離職前面談時試圖提起這個議題的經過。她說：「負責和我做離職前面談的長官，在送我出門時說：『有什麼我們應該要知道的問題嗎？請妳告訴我。』我說：『好吧，我想你一定聽很多人說過了。』於是我開始舉出加諸探員身上的非必要負擔的實例。」

這位長官開始自我防衛起來。

她說：「他開始說軍方的要求更嚴格，又說許多文職人員比我們祕勤局探員犧牲更大。他根本聽不進我要說些什麼。」

有一位探員很罕見地在祕勤局華府分局開會時提起這個議題。

他說：「局裡頭有許多X世代的探員。我們關心我們的家庭，我們關心我們的妻兒子女。必須要有些改革。」

不久之後，這位探員就辭職了。

探員們說，近年來祕勤局依然不改不重視留住探員的舊習。有一位探員說：「我們的領導階層絕對不承認有問題存在。他們一點也不想修正作風。」探員們說，祕勤局只晉升同樣心態的人，歷任局長幹個兩、三年就走人，根本沒改變局裡頭的文化。管理不善有一個例子，就是某位負責副總統隨扈隊的隊長竟然說，由於隊裡爭取晉升的人太多了，那就人人都不要晉升好了。

他還對手下探員說：「你們最好是祈禱能到最容易升官的單位去工作，因為下一個工作可能就是你的升遷終點站。」

當天在場的一位探員說：「用不著多說，本來夠低沉的士氣更是跌到谷底。好幾個探員說，算了，該走人了。」

潔西佳說，她可以接受祕勤局探員的工作本來就很艱鉅。她奉派擔任前總統柯林頓的隨扈工作時，他不斷在世界各地旅行。由於她必須隨時奉命出差，根本無從就個人私生活做任何計畫。

令潔西佳和其他探員痛恨的是，祕勤局根本不考量如何緩和他們工作上的負荷。譬如，祕勤局總要拖到星期五傍晚、也就是週末開始之前一刻，才讓探員曉得下個星期的班表，使得探員們無從規劃社交和家庭活動。

若是出差，探員們實質上必須二十四小時當差值班。過去幾年，祕勤局已對申請加班費設下限制，只准補休假。可是，當探員們要補休假時，局裡頭又往往不准。要補休，限於一週之內補休。若是原先已排好班，補休也就泡湯，被迫作廢。某位派在大城市的探員有七年的年資，每年加班而領不到的加班費約值十一萬美元。

有位探員說：「若是奉派出國執行先遣作業，你往往每天需要工作十八至二十四個小時，一週七天無休，可是班表說你的工作時數是朝九晚五。」

換句話說，週末加班算加班，平常日子超時工作不算加班。甚至，祕勤局支付加班費，往往會拖兩、三年才付。二〇〇八年秋天，總統隨扈隊的組長們甚至開始拒不記錄探員的加班費。探員們向財務處抱怨，組長們卻告訴財務處別再調查了。

不管是有無加班費，探員們每天工作達十八個小時。

一位探員說：「你會有多累？試想，連續七天，每天只睡三、四個小時，你就知道了。」

另一位前任探員說：「飛行員都有強制休息時間。可是，站在總統身邊的武裝保鑣卻三天不睡覺，還要跨越四個不同時區旅行。」

有一天晚上，這位探員和太太吵架。

他太太告訴他：「你沒有權利教訓子女，因為你不是他們的父親。你根本沒盡到父親的責任，你從來就不在家。」

這位前任探員說，她說得一點也不錯。

他說：「我的確從來不在家。我錯過每件事。聖誕節，不在家；感恩節，也不在家。」他立刻打報告辭職。

祕勤局的食古不化也延伸到行政人員。有位調查助理工作能力極強，探員們要什麼資料，她都能提供。她希望能更動上下班時間，請求長官准她提前半小時上班，也提前半小時下班，以便到托兒所接小孩。

祕勤局不准，她就辭職轉到住宅暨都市發展部上班。新單位給了她想要的上下班時間，甚至還准她每星期五在家工作，不必到辦公室簽到、簽退。

潔西佳擔任祕勤局探員將近十年，終於辭職了。她說，祕勤局的主管絕大部分是「老派」人物，還認為人人不惜一切要加入祕勤局。

她說：「從前，祕勤局很不得了，人人排隊要加入，有人一等就是好幾年。它的待遇好，又穩定。可是時代變了，他們的心態卻仍一成不變。探員可以出去，在民間部門找到薪資更優渥的工作，錢多、風險又小。長官們的心態卻依然如故，彷彿我們每天醒來都還得感謝他們賞一口飯給我們吃。」

祕勤局現在碰上麻煩，很難找到夠格的新人來遞補失望而去的人手。

潔西佳說：「找到夠多的申請人並不難；找到夠資格的申請人一直都很困難。由於（祕勤局的）高標準，很多人不能合格擔任探員。局裡面竭盡力量試圖召募好手，可是問題出在它的政策把已經進來的許多好手趕跑了。」

有位前任探員說：「他們操死自己的手下。他們對待探員有如阿帕契印第安人對待自己的馬。他們挑出最好的馬，騎了又騎，操到累死為止，最後又把牠吃進肚子裡去。」

17. 灰狼

副總統官邸是一座漂亮的三層樓樓房，面積九千一百五十平方英尺，俯瞰麻薩諸塞大道。這座白色磚造樓房有游泳池和室內健身房，興建於一八九三年，做為美國海軍天文臺臺長官邸。國會在一九七四年把它撥充副總統官邸，門牌編訂為「天文臺圓環一號」。

孟岱爾是第一位遷入定居的副總統。孟岱爾之前的副總統尼爾遜．洛克斐勒（Nelson Rockefeller）本來可以入住，但是他寧願仍住在華府狐堂路自宅，官邸只供宴客之用。白天，官邸至少有五名海軍服務員替第二家庭服務，舉凡燒飯、買菜、洗衣、打掃，無所不包。夜裡，這些海軍充員兵會替第二家庭烘焙巧克力餅乾等精美點心。他們會把宴會吃剩的菜餚放進冰箱。

祕勤局在官邸的另一座建物設置據點，代號「塔臺」。副總統官邸本身在探員口中就稱為

「住家」。

老布希還是副總統時，有一天探員阿布拉克特在官邸值大夜班。探員們平常把總統的隨扈隊稱為「主秀」(the Big Show)，副總統的隨扈隊則稱為「有免費停車場的小秀」(the Little Show with Free Parking)，因為副總統的官邸提供停車場給探員使用，和白宮不一樣。

阿布拉克特剛來報到，對副總統官邸並不熟悉。道寧探員告訴他：「比爾啊，每天服務生會烘焙點心，那是他們的工作、他們的職責。而我們守大夜班的人的職責就是找出這些點心、或是前一天剩下的菜餚，盡可能把它們吃光。」

半夜三點鐘，在地下室值哨的阿布拉克特覺得肚子餓了。

阿布拉克特說：「我們從來沒有獲准進到廚房找吃的，但有時候到了半夜，實在餓得不得了。我走進位於地下室的廚房，打開冰箱，希望裡頭有些宴會裡剩下的點心可以充飢。突然間，有人在我背後說話。」

此人問說：「嗨！裡頭有什麼好吃的沒？」

阿布拉克特說：「沒有耶，好像他們全吃光了耶。」

阿布拉克特說：「我一回頭，副總統就在我右後方探頭探腦。我回過神來，聽到布希說：『我真希望有點東西可以吃。』我說：『長官，服務生每天都烘焙點心，可是每天夜裡都把它們藏起來了。』他調皮地眨眨眼，說：『我們來找找吧！』於是乎我們翻遍了廚房，當然就找到了。他拿了一落巧克力餅乾和一杯牛奶就上樓，我也拿了一落餅乾和一杯牛奶回去值班。」

阿布拉克特回到崗哨，道寧問說：「你在廚房跟誰講話呀？」

阿布拉克特告訴他之後，道寧說：「是喔，真的假的？」

布希副總統的正規隨扈有一次戲耍派來臨時支援的一名探員，唬弄他說可以在副總統官邸的洗衣間洗衣服。

前任探員蘇立文說：「這個菜鳥還真的相信，果真到地下室，大大方方用起副總統的洗衣機跟烘衣機。布希夫人正好下來，她告訴其他探員：『他在那裡洗衣服耶！』」組長聽說之後，很尷尬地向芭芭拉．布希道歉：大夥兒在開玩笑啦。

她說：「喔，沒關係，別介意。」

事實上，在緬因州肯尼邦克波特（Kennebunkport）的布希住家，有一次芭芭拉還走到祕勤局指揮所，問探員們有沒有衣服要洗，反正她正要去洗衣服，可以順手代勞。她和探員們非常親近，道寧的太太林蒂快要生產時，她還交代他，若是分娩時，不問晝夜，一定要打電話跟她說。

布希副總統在一九八二年國會期中選舉期間，飛到愛達荷州波伊士城出席募款活動。他正要在科羅拉多河畔北花園街的查德海鮮館進餐。

道寧說：「我們有幾個隨扈跟著他在餐館裡，說是保護，其實就是坐在靠近他的餐桌。」

道寧才剛坐下不到幾分鐘，就聽到無線電報告，餐廳後方有兩名白人男子身穿迷彩裝，手持長槍，正往他們的方向爬行前進。

此時，道寧一擡頭，兩名壞人赫然就在面前。他記得有情資報告說，利比亞派出殺手到美國要行刺美國官員。他本能地跳起來，把布希撲倒以保護他。道寧也不顧食物紛飛，以自己的身體蓋住布希。

布希問：「怎麼啦？」

道寧說：「我不清楚。請您低下頭來。」

道寧擡頭往上一看，大約一百名執法官員——祕勤局探員、州警、地方警員，全都拔出槍來。他們全是因副總統到訪而派到現場參加維安任務。兩名壞人已被雙手反剪，跪倒在地。

道寧說：「我們立刻把副總統撤離餐館，以免現場可能還有什麼危險存在。你可能以為我剛化解了一場行刺案。」

豈料實情是，餐館旁邊有一棟公寓樓房，兩名男子之一的女朋友住在那裡。

道寧說：「這傢伙跑去見他女朋友，卻發現她和另一名男子在一起。男朋友妒火中燒，吵了起來。和他女友在一起的男子掏出一把刀，把他割傷，但傷勢不嚴重。因此他找了另一個朋友助陣，預備回頭把那第三者給宰了。」

他們不曉得副總統駕到，把車停在海鮮館停車場，準備潛行通過樹林，前往公寓樓房。

他們後來以非法持有槍械、企圖傷害的罪名，被判刑坐牢。

代號「灰狼」（Timberwolf）的布希，和其他許多總統不同，對待祕勤局探員和周遭的人非常客氣體貼。他太太芭芭拉也一樣平易近人。布希做了總統後，有一天他十二歲的孫子小喬治（George Prescott Bush）在白宮後方網球場打網球。主管總務行政的總統助理邦妮．紐曼（J. Bonnie Newman）和主管行程的總統副助理約瑟夫．哈金（Joseph W. Hagin）也來到網球場要打球。這兩名白宮助理早已登記，但是看到總統金孫在打球，就轉身要走了。

這時候，代號「寧靜」（Tranquility）的芭芭拉出來告訴小喬治——傑布．布希（Jeb Bush）的兒子——讓出網球場。

紐曼說：「我們走近網球場，看到總統的孫子在打球，毫無疑問他確實該在那裡打球。但是布希夫人看到了，就叫他退出。她的確發出訊息，不僅讓幕僚知道、也讓家人知道，大家都要有禮貌。」

一位探員說：「布希四十一（譯註：布希父子分別是美國第四十一和四十三任總統，因此美國媒體習稱老布希為布希四十一、兒子為布希四十三）是個偉人、大好人。他和夫人都很體恤別人，不會自以為是。」

道寧說，布希「向幕僚們宣示，他們自己並不是維安專家，如果祕勤局做出決定，他一定支持；他們絕不質疑我們的決定，或讓我們為難。因此那段時期真的不得了，因為所有單位無不通力合作，使他的維安工作和他參與的活動十分成功」。

布希對隨扈探員的體恤還有一個實例。他在聖誕夜不出城，因此探員們也可以和家人過聖誕夜。他會在聖誕節翌日才飛往德州。祕勤局對他唯一可以抱怨的是，他是個過動兒。一位探員說：「他沒辦法安靜坐著，永遠動個不停。」

到了每個飯店，祕勤局一定得確認他的套房有個運動腳踏車。如果飯店本身沒有，祕勤局會租一臺供他騎。

這位探員說：「他沒辦法看書。他非得踩踩腳踏車、在跑步機上動動不可。永遠動個不停。對於祕勤局而言，那就是更多的維安工作。網球、高爾夫、划船、丟馬蹄鐵，花樣真不少。」

起先，布希很不喜歡隨扈須臾不離。前任祕勤局副局長史畢里格斯說：「絕大多數人都很難適應隨扈盯得緊緊的。這些人之所以接受隨扈緊跟，是因為它是跟著職位而來，它不是他們出於本身意願想要的東西。它會侵犯他們的私生活。即使我在這一行幹了二十八年，如果有人告訴我我不能隨自己高興去看電影、上遊樂園，或者相識多年的老朋友必須先呈報姓名、社會安全號碼和生日等等資料才能來看我，我也很難想像這會是什麼樣的感受。」

每個星期至少有兩次，車隊必須警笛大作，浩浩蕩蕩送布希到離白宮只有幾個街廓的地方參加活動。布希很不喜歡如此大陣仗戒備，想知道為什麼他不能步行過去參加活動。隨扈隊決定跟他開個玩笑。總統的轎車和備援車輛是由探員開車，可是車隊裡其他的祕勤局車輛則由所謂的技師開車。其中一名技師殷格蘭（Billy Ingram）是身經百戰的韓戰退伍軍人。

布希的隨扈隊員范克（Joe Funk）說：「他老是叼著一根香菸，菸灰掉得到處都是。他私人的車子是高齡二十年的老爺車，碰得凹凹凸凸的，而且煙味瀰漫。」

探員們把總統徽記和美國國旗裝上殷格蘭的車子。總統出來要坐車時，他的轎車不見蹤影，倒是殷格蘭那部老爺車堂堂皇皇居於車隊之首。

范克說：「他看看它，回頭問芭芭拉：『怎麼回事？』」

第一夫人說：「你不是老是抱怨轎車嗎？走吧！」

布希悶著頭坐上殷格蘭的老爺車，對探員說：「好啦！你們打敗我了！」

范克說：「他們開到大門，總統轎車已在那裡恭候大駕。」

儘管隨扈一再警告，布希卻有個習慣，從橢圓形辦公室開門就往玫瑰花園走，和沿著賓夕凡尼亞大道圍欄外排隊的遊客寒暄。祕勤局派了專人，只要警報一響，知道布希開門往外走，就趕緊衝到圍欄邊。不久，《華盛頓郵報》刊載，遊客很高興總統突然會現身和大家打招呼。文章登出來之後，當布希再次和擁戴者隔著圍欄打招呼時，探員們發覺有典型的刺客嫌疑人士。

探員史密斯說：「此人在夏天還穿大衣，眼神四處打量。我們攔住他，一搜身便查出他身懷一把九釐米的手槍，可能有意用來傷害總統。」

隨扈隊長向布希指出，他興致一來就跑出去和民眾打招呼，不僅危害到自己，也會危害到探員們。後來，「布希會給我們時間在圍欄附近布置安全區。」

祕勤局探員基於禮貌，會把轎車上的收音機先定到總統或副總統喜歡的電臺。布希喜歡鄉村、西部歌曲，因此每到一個城市，探員都會把收音機先轉到當地的鄉村、西部歌曲電臺。

阿布拉克特說：「有一次，布希四十一進入轎車，打開收音機，當然立刻連上鄉村、西部音樂臺，剛好正在播放一首他喜愛的歌。他立刻跟著唱起來。開車的探員從後照鏡裡看到布希一臉陶醉相。」

布希問他：「拉瑞啊，你覺得我唱得怎麼樣？」

拉瑞毫不遲疑，立刻答說：「老闆，千萬別辭掉你的正職工作。」

祕勤局探員奉有指令，別理會他們面前的一切對話，但是當然他們聽得一清二楚。有一次，一位祕勤局探員替布希總統夫婦開車，他們兩個子女也都坐在轎車後座。

阿布拉克特說：「他們熱切地討論某件事，突然話題岔了開來。隔了一會兒，他們彼此問：剛剛在說些什麼呀，可又偏偏想不起來。開車的探員說：『你們剛才在談論社會安全。』」

這是違反祕勤局規定的行為。坐在前座右方的組長後來訓斥了他。當時這位探員在交通組的任期即將結束，但布希喜歡他。隔了一陣子沒看到他，布希便要求祕勤局再把他調回來當司機，當然上級主管很不以為然。

布希還在總統任上時，祕勤局接獲情資指出，某個哥倫比亞毒梟集團買凶，預備不利他的家人。因此祕勤局加派人手保護未來的總統小布希及其女兒，以及他的弟弟妹妹。

前任探員戈登(John Golden)說：「他(小布希)剛買了一輛嶄新的林肯轎車，我們在後面緊跟著他。遇到交通號誌亮起黃燈，他就快速踩下剎車，我們於是撞了上去，好在並沒傷到他的新車。」

由於布希家族會在他的肯尼邦克波特住所集合避暑，探員們便稱它為「灰狼營地」。由於房子靠近海邊，祕勤局找來軍方援助，搜查水底是否有爆破物，並且出動快艇巡邏水面。

總統的隨扈古魯樂(Andrew Gruler)說：「我們在肯尼邦克波特的船隻比他(布希)的船速度快得多，但我們若是講了實話，他會再去買一艘更快的船。」

有一次，布希夫婦在冬天時飛到肯尼邦克波特的家。天氣十分冰冷，他們夫婦倆要出門散步。

總統隨扈蘇立文探員說：「我戴了帽子，另兩名探員也戴了帽子，但是第一夫人的一位隨扈探員沒帶帽子。當總統和夫人一踏出門，我們就開始走。」

布希夫人問那個探員：「你的帽子呢？」

他說：「喔，布希夫人，我沒帶帽子。我不知道這裡會這麼冷。」

芭芭拉說：「喬治，我們得給他找一頂帽子。」

總統答說：「好啊，芭芭拉。」

她走回房裡，找出一頂總統的毛皮帽，遞給這位探員。

探員說：「不用了，布希夫人，沒問題啦！」

布希說：「嘿，別跟布希夫人辯嘴。」

這名探員乖乖戴上總統的帽子。

蘇立文說：「這就是布希夫人。她是每個人的慈母。她不要這個四十歲的大男孩沒戴帽子就在肯尼邦克波特那種天寒地凍的天氣裡走在路上。她真是體恤下人啊！」

前任探員阿布拉克特說：「芭芭拉和喬治．布希是真心相愛。他們夫妻情篤，是一般夫妻十分罕見的。我曉得白宮幕僚中有一女性，經常有謠傳說布希和她有染。但是我可以告訴你，我從來沒看見有任何異狀。我可是追隨他四年之久唷！」

布希另一名隨扈說：「芭芭拉固然和藹可親、心地善良，但是你若得罪了她家人，你就完了。我記得布希夫婦有些經常往來的朋友，其中一人決定投票支持斐洛（Ross Perot），她就把此人列入拒絕往來戶。布希說：『噢，芭芭拉，那只是政治嘛！』她卻很堅定，她說：『不！他不應該那樣做！』如果有人和老婆離婚，另娶年輕太太，她一點也不贊成。」

18. 通靈師的預言

老布希力抗柯林頓爭取連任時，於一九九二年九月十七日要到奧克拉荷馬州恩尼德（Enid）市演講。賈維斯探員奉派負責此次旅行的情報調查。奧克拉荷馬州調查局一名刑警打電話給他。

賈維斯說：「他說有位女性通靈師告訴曾一起合作調查德州一樁凶殺案的刑警說，她看到布希總統將遭到狙擊手暗殺的景象。」

祕勤局三不五時就會接到民眾電話，聲稱他們看到總統被暗殺的景象。這些人大都是自我吹噓、借機出名的人。但是，這一次這個刑警告訴賈維斯，這位女通靈師的確協助警方找到埋屍，也提供有利線索突破刑案調查。德州另一名資深的凶殺案調查員也告訴賈維斯，必須注重她的說法。

奧克拉荷馬州的這位刑警說：「她真的很厲害喔！」

賈維斯記得曾在電視上看到過有關這個女通靈師的報導。她一頭蜂窩髮型，穿一雙牛仔長靴，不僅告訴警方被害人屍身埋在何處，還講述他們是如何遇害的。布希抵達的前一天晚間，賈維斯和他的伙伴驅車到她位在恩尼德市的住家拜訪。她邀請他們進入，賈維斯表明來意。女通靈師證實她的確看到布希四十一即將被暗殺的景象。

賈維斯說：「大約此時，她丈夫走進屋裡，他看看我，然後說：『她是不是又看到景象了？』」

賈維斯說：「是啊！」

她丈夫搖搖頭，穿過客廳、走進廚房。

賈維斯說：「我向伙伴打個眼色，示意他跟過去和他談談。我當時的印象是，他不相信她所說的、一副厭倦的模樣。」

賈維斯問通靈師，她在景象裡看到什麼。她說：總統即將來到奧克拉荷馬州；他從飛機下來，然後會坐進一輛轎車。

她說：「我看到他坐在司機後方。當他們經過一道陸橋時，車窗碎裂，他被殺了。」接下來她又看見布希站在肯尼邦克波特的住家門前，可是，這時他已經不是總統。

賈維斯請教她：「他怎麼會先被殺害了，然後妳又看到他不再是總統、回到肯尼邦克波特的住家呢？」

她說她也不知道。賈維斯一再追問，她也提供更多詳情細節。她說，布希坐進轎車時沒穿西裝，他穿的是一件開領衫，外加一件輕便夾克。

賈維斯曉得，總統搭乘空軍一號專機，下機時一向西裝筆挺，打領帶，而且這次活動的服裝規範就是穿西裝、打領帶。甚且，總統坐車時不會坐在司機後方，他會坐在尊位——右後方。

此時，賈維斯的伙伴走出廚房。

賈維斯問：「他怎麼說？」

這位探員說：「她先生說，如果她看到景象，那就一定會發生。」

賈維斯不禁背脊都涼了。他又要求她描述一下轎車。她正確說出車子已經到達恩尼德市。祕勤局一向在總統到訪前把輜重車輛以貨機載送到到訪城市，把它們寄放在空軍一號專機將降落的機場的停機棚或消防隊。這時候，賈維斯本身都不知道轎車的確切地點。

賈維斯問她，能否講出轎車在哪裡？她說，它在恩尼德市附近的空軍基地。他問她：「妳能帶我去嗎？」她同意。

前往空軍基地途中，賈維斯又問她一系列問題，以確認她是否是透過其他方法而非特異功能才曉得轎車位置。她認識任何在基地工作的人嗎？有人告訴她曾看到一架貨機在基地卸下轎車嗎？

當他們駛向基地的五座停機棚時，她給了賈維斯方向。

賈維斯說：「我們接近一座停機棚時，她說慢點慢點。」

她說：「這裡頭有名堂。」

賈維斯問：「妳是什麼意思？」

「這裡頭有重要的東西。」

「好吧，可是不是轎車？」

她斬釘截鐵地說：「沒錯，不是轎車。」

經過另一座停機棚門前，她說轎車就在這裡面。她又指出另一座停機棚也有重要東西在裡頭。

賈維斯猜測轎車是在跑道邊的消防隊裡頭。結果呢？他錯了，通靈師對了！祕勤局探員守衛著總統轎車，在總統上車之前，任何人都不能擅自動它。賈維斯向他們查證，發現通靈師指認裡頭有轎車的那座停機棚，的確存放兩輛轎車。

賈維斯告訴她，總統一向坐在右側。她堅持，他會坐在司機後方。當她走回賈維斯的車子時，賈維斯問負責守衛轎車的探員，另兩座被她說藏了重要東西的停機棚，究竟有什麼在裡頭。

賈維斯說：「他說，其中一座停放陸戰隊一號總統專用直昇機，另一個是緊急事故發生時可供總統使用的重要資材。」

賈維斯立刻向祕勤局華府總局情報處值星官呈報一切經過。

他說：「你們一定認為我頭殼壞了。」他指出這位女通靈師見到的景象，也報告她正確地指認出轎車的位置。

賈維斯認為，「我們經常處理奇奇怪怪的事情。值星官早已經練就一身本事，見怪不怪。你只要負責把事情翔實記載，然後呈報上級做出決定。」

忙到凌晨一點鐘，賈維斯打電話向先遣小組組長報告一切經過。可是，由於通靈師對布希的衣著以及座位似乎並不正確，組長並沒太在意。不過，到了天亮，在布希啟程前來奧克拉荷馬之前，先遣小組組長還是把這檔怪事回報給白宮的隨扈隊隊長。

賈維斯也向負責車隊的探員討論這件事。他問起車隊路線安排是否會經過一道陸橋，得到的答案是正面的。

「你有沒有替代路線？」

「有啊，一向都有備案的。」

當天上午，空軍一號降落。祕勤局賦與空軍一號代號「天使」（Angel），始於艾森豪總統時期，因為他的代號是「上帝」（Providence）。在此之前，羅斯福總統和杜魯門總統所用的飛機，都由空軍賦與番號。有一次，塔臺管制員誤把總統座機當成民航客機，因而飛行員建議把總統使用的飛機稱為空軍一號。

目前這架總統專機是波音七四七—二〇〇B巨無霸噴射機，於一九九〇年老布希總統任內購入。它的航程可達九千六百英里，最高巡航高度為四萬五千一百英尺。它平常巡航速度為時速六百英里，但必要時可達時速七百英里。除了兩名飛行員、一名導航員和一名機械師之外，這架二百三十一英尺長的飛機乘載空軍一號服務員和七十六名乘客。機上有八十七具電話。

平常的波音七四七機身內部的電線長達四十八萬五千英尺，總統專機則更高達一百二十萬英尺，而且全部不受核子爆炸會產生的電磁脈衝影響。有六層樓高的這架飛機，前方的總統行政套房裡面有會議室、衣帽間和浴室，設備齊全。會議室旁邊，總統還有一個私人辦公室，以及兼具餐廳和會議室功能的艙房。飛機後方則是幕僚、祕勤局探員、賓客和媒體記者使用的區域。

依據聯邦航空局的規定，空軍一號通行權高於所有飛機。當它接近機場時，比它早進入空域的飛機全要讓位給它。在它降落前，地面的祕勤局探員會徹底檢查跑道是否有爆炸物或其他雜物。通常在空軍一號降落前十五到二十分鐘，同一跑道不准其他飛機起降。

當布希在活動扶梯前現身時，賈維斯瞪大雙眼，不敢置信。布希沒有穿西裝打領帶。他穿的是夾克和敞領衫，完全如女通靈師所說。賈維斯和先遣小組組長兩個人互相看了一下，組長臉上也是一副不敢置信的神色。然後，布希走下階梯，坐進轎車右後座，和平常一樣。賈維斯鬆了一口氣。但是，布希在恩尼德市演講之後，邀請幾位友人和他同車回到機場。這些友人先上車——占坐了右方位子。布希繞過轎車，坐到左側司機後方的位子。通靈師的話又應驗了。

先遣小組組長決定不能輕忽通靈師的預言。別人要認為他們瘋了，也沒關係。他和賈維斯都認為安全第一，總比日後懊悔要好。

組長下令車隊改走替代路線，不會經過陸橋。

布希毫髮未傷。

也沒有人向總統報告這一段匪夷所思的經過。

19. 老鷹

祕勤局探員常說，柯林頓總統有他自己的一套標準時間。代號「老鷹」（Eagle）的柯林頓是個遲到大王，遲到一、兩小時在他是家常便飯。前任探員阿布拉克特說，對於柯林頓來講，行程表排定的約會時間，「僅供參考用。」

有時候柯林頓遲到，是因為他和幕僚打牌打得停不下來。有時候不甩時間表，是因為他湊巧遇到某個旅館工作人員或清潔工，他想跟他們聊一聊。

一九九三年五月，柯林頓命令空軍一號專機在洛杉磯國際機場跑道等候，因為來自比佛利山莊的髮型名師克里斯多飛・夏特曼（Christophe Schatteman）正在替他理髮。夏特曼大名鼎鼎，他的客人個個聲名顯赫，妮可基嫚、歌蒂韓和史帝芬史匹柏都指名要他打理髮型。

在這趟出名的飛行任務擔任服務員的薩德勒（James Saddler）回憶說：「我們從聖地牙哥

專程飛到洛杉磯接他。有個傢伙出現，宣稱他是來給總統理髮的。克里斯多飛替他理完髮，我們才起飛。我們在地面停了一個小時。」

柯林頓在飛機上好整以暇由名師打理頭髮之際，洛杉磯國際機場兩條跑道封閉。由於所有進出班機都被擋住，全國乘客統統遭殃。

媒體報導，理這個髮花費兩百美元，那是克里斯多飛當時在北比佛利大道三四八號他的髮廊替客人理髮的標準價格。但是，空軍一號的座艙長佛蘭克林（Howard Franklin）告訴本書作者，夏特曼在飛機上告訴他，他收費五百美元；如果按照通貨膨脹率調整的話，等於今天的七百五十美元。幕僚們也告訴佛蘭克林說，某個民主黨金主代付這筆支出。

柯林頓獲悉全國班機大亂之後，怪罪幕僚替他安排這次理髮。但是，名師剪的是他頭頂上的頭髮，下達命令延遲起飛的也是他。身為總統，他當然曉得空軍一號若停在跑道上，空中交通便會中止。

柯林頓的白宮幕僚還熱切替他硬拗，試圖把這齣鬧劇掰成正面故事。白宮的公共事務室主任史帝法諾普洛斯（George Stephanopoulos）在白宮例行記者會上被追問：「總統這樣做，還能說是代表一般老百姓的總統嗎？」他答說：「當然是。我的意思是，總統也得理髮呀！拜託！人人都得理髮嘛！……我認為他有權利選擇由誰來替他理髮。」

柯林頓就任後，佛蘭克林告訴柯林頓的先遣交接人員：「有效管理的關鍵就是事先做好規劃。」不料卻引來一頓反譏。佛蘭克林回憶說：「他們說：『我們就是凡事機動、隨機應變才打贏選戰；我們不會改變作風。』」佛蘭克林說，除了不肯事先規劃之外，柯林頓這夥人還有一種態度——「找不到工作的人才會來從軍。」

如果說柯林頓是遲到大王的話，尼克森和希拉蕊一比，可就成了和藹可親的大好人。白宮寓邸的工作人員都記得白宮僕役克里斯多福・伊梅利（Christopher B. Emery）犯了天條——回電話給前第一夫人芭芭拉・布希——後的遭遇。伊梅利曾經教芭芭拉如何操作手提電腦。芭芭拉碰上了困難，所以打電話來求助，伊梅利兩度回電。希拉蕊因此炒了他魷魚。

伊梅利家有四個小孩，整整一年找不到工作。根據負責總務管理的總統助理華金斯（W. David Watkins）的說法，白宮旅行室員工集體遭到免職，也是希拉蕊在幕後做的決定。

有一次希拉蕊發現一個倒楣的電工在寓邸換燈泡，就對他大吼大罵，只因為她曾經交代：所有的維修工作一定要在第一家庭外出時才能進行。

白宮助理糕點師傅麥庫羅克（Franette McCulloch）說：「她撞上他在跨梯上換燈泡，結果他的飯碗丟了。」

擔任她隨扈的一位探員說：「她在鎂光燈前燦爛亮麗；一旦鎂光燈熄了，或是她遠離鎂光燈了，可就完全變了樣。她很容易生氣，對底下人又刻薄。她不時對他們大吼大叫，抱怨連連。」

希拉蕊在她的書《活出歷史》中，說她對白宮員工是多麼的感謝。有位祕勤局探員卻吐槽說：「希拉蕊根本不跟我們說話。我們追隨她好幾年，她從來沒說過一聲謝謝。」

探員們認為柯林頓的副總統高爾，跟希拉蕊是同一塊料。每個探員都聽過代號「日舞」（Sundance）的高爾責罵兒子功課不好時，會說：「如果你不振作起來，就進不了好學校，而如果你進不了好學校，就會跟這些人一樣。」

高爾指了指保護他的探員。

前任探員阿布拉克特說：「有時候高爾走出寓邸，悶聲不吭就坐進車裡，完全視隨扈如無物，彷彿我們根本不存在。我們只是方便他從A點到達B點的工具而已。我們不必因為喜歡你才來保護你，但是關係和諧一點，總可以使長時間值勤比較能夠忍受吧？」

高爾的夫人蒂波（Tipper）就和她丈夫完全不一樣，對探員十分友善，有時候還會拿她跑步後用的噴水瓶朝隨扈噴水，開開玩笑。不過，擔任高爾隨扈的探員杭敏斯基說：「她總是堅持要用男性探員，不希望隨扈隊裡有女性探員。」

高爾和柯林頓一個樣，也經常遲到。有一次和北京市長一起吃晚飯，他整整遲到一個小時。還有一次在拉斯維加斯，由於高爾遲遲不從飯店出來，在空中巡護的一架祕勤局直昇機差點耗盡燃料。

前任探員沙里巴說：「早上的時間表是，他要在上午七點四十五分從副總統官邸出門上班。我們在七點半去提醒他時，他往往還在游泳池畔吃早點。」

杭敏斯基說，高爾「從不準時從副總統官邸出發。他在白宮已有約會，進了車才說：『你們能不能開快點？但是別鳴警笛和閃燈哦。盡快把我送到吧！』」

隨扈們不肯不鳴警笛和閃燈就超速趕路。不久，他們就找到一個辦法對付他。

杭敏斯基說：「組長會對著無線電說：『我們盡快趕路吧，但是注意安全喔！』他只是唬弄副總統罷了。另一名探員根本沒開機，也佯裝朝無線電說：『嘿，加速、出發了！』坐在後座的高爾就滿意了。」

高爾身上從來不帶現金，若需要用錢，就向隨扈探員伸手借。有一天，高爾一個千金高中畢業，高爾出席了畢業典禮後的接待會。會場設了一個酒吧，是要收錢的。

杭敏斯基說：「高爾走過去想要一杯酒，他們要向他收錢。」

高爾問杭敏斯基：「你有多少錢？」（譯按：也可以是「你賺多少錢」的意思。）

杭敏斯基故意裝蒜：「還不賴啦！我已經是組長級，賺不少錢喔。」

高爾說，他只是要借點錢買飲料。

杭敏斯基說：「哦，要多少？二十塊錢夠嗎？」

高爾趕緊說：「夠了！夠了！」

杭敏斯基掏出一張二十塊錢紙鈔遞給高爾，高爾後來也還了錢。

杭敏斯基說：「我認為，他一向覺得：『我是副總統，什麼錢都不用付。』」

高爾總是說他只吃低卡路里的健康食品，其實他只要看到吃的，都會忍不住抓一把。杭敏斯基說：「我們最愛拿這件事開玩笑。通常每到一個宴會，主人都會備些點心。高爾看到餅乾，就節制不來。只要是餅乾，他沒有不愛的。他很努力要控制體重不上升。你看看他下臺後身材有如吹氣球，就知道他有多努力了。」

由於重視保健，高爾訂了桶裝水，在官邸也裝置飲水機。祕勤局基於維安任務的要求，會測試副總統官邸的飲水。杭敏斯基說：「他在白宮和官邸都裝了淨水機。我們通常每個月抽測一次，局裡頭會派技術安全人員來，從每個水龍頭取樣本。」

但是，祕勤局組長杭敏斯基發現，桶裝水並沒檢測。經過他提醒，祕勤局取了一些樣本，送請環保署檢測。不測不知道，一測嚇一跳。兩天之後，環保署打電話告訴杭敏斯基，副總統官邸的水含菌量超過標準值。

杭敏斯基說：「環保署的人說他們必須延伸圖表才能標出含菌量。喝下這樣的水，會造成頭痛、拉肚子和胃痛。」

由於檢測的結果，環保署沒收了那家桶裝水公司的大量存貨。

20. 節衣縮食

九一一事件之後，祕勤局屋漏偏逢連夜雨，面臨雙重困境。一方面是為了展現政府的確勵精圖治，要加強國家安全，小布希總統和國會整合了二十二個機構，成立「國土安全部」，轄下總員額高達十八萬人。二〇〇三年三月一日，祕密勤務局由財政部改隸國土安全部。原本在財政部是一顆熠熠明星的祕勤局成為繼子，要和一些往往功能不彰的單位競爭預算大餅。

另一方面，對祕勤局的要求也暴增。本書作者在另一本專書《緊盯恐怖分子》（*The Terrorist Watch: Inside the Desperate Race to Stop the Next Attack*）中提到，凱達組織（al-Qaeda）的目標是給美國致命的重擊，最好是以核子武器打得美國人哀叫不已。九一一事件之後，這樣的威脅意味對總統、副總統的維安保護必須更加提高規格。

事件之後，小布希總統把祕勤局的保護對象增加近一倍，有二十七名官員以及他們的十名家眷得到常態保護。另有七人在出國旅行時要提供保護。藉由行政命令，小布希要求祕勤局保護白宮幕僚長和國家安全顧問等人。至於財政部長、國土安全部長等人則因列名可繼位總統的名單，也得到保護。這些人奉命接受保護，其保護程度則由國土安全部長來決定。有些官員只得到部分保護，如上下班之時。

國會一九七一年立法批准祕勤局擴大其保護職掌，涵蓋來訪之外國元首、行政首長及其配偶，以及其他官方貴賓；現在又增加了這些工作負擔。根據二〇〇〇年《總統維安保護法》，祕勤局亦負責計劃及執行「具國家重要性之特殊事件」的安全。

二〇〇二年猶他州鹽湖城冬季奧運會是這項法律生效後第一樁適用的重大活動。在此之前，依據柯林頓總統一九九八年頒布的一道指令，如總統發表國情咨文演講等事件具有類似的地位。其他所謂國家特殊維安事件，包括聯合國大會、總統就職、民主黨和共和黨的提名大會、超級盃足球賽、八國集團領袖峰會，以及類似教宗本篤十六世二〇〇八年訪美這種重要訪問。前任總統雷根和福特的葬禮，也是國家特殊維安事件的地位。在這些活動中，祕勤局是主導的執法機關，統籌所有的維安事務。

目前副總統隨扈隊有一百五十名探員，總統隨扈隊探員有三百人，但人手仍有不足之虞。這批探員負責幾乎天天都有的大小行程先遣作業。二〇〇八年總統大選成為史上最冗長的選舉，對祕勤局要求之深重也到了無以復加的地步。

雖然祕勤局預算略增，仍只有十四億美元的年度撥款——還不夠買一架隱形轟炸機。大約三分之一的預算花在調查偵防偽造鈔券、支票詐欺、利用金融卡和信用卡詐欺、盜用身分犯罪、以電腦侵襲全國財務金融、銀行和電子通訊組織等等刑案。同理，大約三分之一的探員擔任調查工作，但其實這個數字會誤導，因為在各地分局負責犯罪偵防調查工作的祕勤局探員經常被抽調去擔任重要人物的維安保護。以人員工時計算，祕勤局探員花在保護任務的工時，略高過一半。由於可以誇耀破案績效，六千四百八十九名員額的祕勤局一再擴大它對調查工作的管轄範圍。

坦白說，祕勤局在財金刑案方面的成績斐然，令人敬佩。

回到一九八三年，祕勤局局長馬克・蘇禮文（Mark Sullivan）剛出道當探員時，他告訴我說：「當時抓到的信用卡詐欺案，所謂手法精細的信用卡詐欺案就是有心人在餐廳背後的垃圾箱翻找，找出某人的信用卡號碼。」

再不然就是從醫院偷走刷卡機。

蘇禮文說：「從刷卡機上就可以看到信用卡號碼和持卡人姓名。那就是挺了不得的信用卡詐欺案了。」

現在，祕勤局要對付的是最精細的網路犯罪。你如果知道祕勤局是怎麼從事犯罪偵防，恐怕真要瞋目結舌。偽鈔已經精細到連受過專業訓練的銀行員用放大鏡都難辨真偽的地步。餐廳服務生接過你的信用卡，還沒送到櫃檯前就已經先盜刷走你卡片磁帶上的加密資料，以每筆二十美元代價賣給歹徒。

歹徒可以從網站上買到被偷走的信用卡號碼。他們可以騙過銀行交出你支票帳戶中所有的錢，更不用說也可從自動櫃員機盜領你的錢。透過網路線上作業詐取錢財，現在每年增加率是百分之四千。

還有奈及利亞騙子聲稱可以助你致富，而騙走你的終身積蓄。有些受害人一再自誤，損失了大筆錢之後，還是繼續上當受騙。奈及利亞歹徒偽造並運輸許多假的財政部支票進入美國。由於奈及利亞政府往往參與共謀，祕勤局還關閉它在該國首都拉戈斯（Lagos）的辦事處。

北朝鮮政府運用和美國聯邦鑄幣印鈔局同樣精密的高壓凹刻印刷機，偽造出幾可亂真的美鈔。以凸版或平版印刷機，或是數位印表機製作的偽鈔，已是最粗糙的作品。目前流通的千元美鈔，有十分之一是偽鈔。偽鈔以百元美鈔為多。由於美元偽鈔太多，亞洲許多國家的銀行和兌換所拒絕接受美鈔。

信用卡號碼被盜已經太普遍，犯罪調查處的拉斯賽爾（Tom Lascell）很肯定地說：「其實你的號碼已經被偷走了，只是他們還沒機會用到你的號碼而已！」他說：「我們以為信用卡上有親筆簽名就很安全。」他拿數十張照片給我看，全是附有親筆簽名的失竊信用卡待價而沽。

祕勤局犯罪調查處的調查偵防有時候會導向奇異的發現。一九八六年，蘇立文等探員接獲線報，黑手黨哥倫布家族老大史卡帕（Gregory Scarpa, Sr.）涉及製作假信用卡。蘇立文逮捕他之後，把他押解到祕勤局紐約分局；史卡帕要求蘇立文停車。

蘇立文回憶說：「車子停下後，他告訴我們他是聯邦調查局安插在黑手黨裡最高階的線民。」當時，蘇立文是祕勤局派在司法部布魯克林區組織犯罪特偵組的代表。他只知道史卡帕是特偵組的頭號要犯之一。

蘇立文說：「我聽了以後，嚇一大跳。」

後來法庭文件記載，至少在二十年的期間，史卡帕洩漏給聯邦調查局許多黑手黨的機密——包括多起謀殺案。史卡帕還招認，在聯邦調查局主使下，他用刑逼一名三K黨黨員透露，一九六四年三名民權運動者被殺害後棄屍密西西比州某地的所在。

和祕勤局犯罪調查處一樣重要的是，除了偽鈔調查案件之外，聯邦調查局也調查同樣的罪行。每個機構都可追查它得到的線索。祕勤局即使維安保護需求增加，仍爭取擴大這些方面的管轄權。

打從早年開始，祕勤局的文化就是排除萬難、使命必達。這份精神固然值得敬佩，但是資源不足卻承擔更多職責可就不妙了。祕勤局既未做長期規劃，也沒力爭更多經費或捨棄某些範圍的管轄，努力苦幹，誇口「我們經費預算雖少，工作份量卻更多」。

根據現職及前任探員的看法，結果就是自從改隸國土安全部之後，祕勤局節衣縮食，挖東牆補西牆，以致總統、副總統及總統候選人的維安都受到影響。

有位探員說：「他們會把隨扈小組盡力精簡，以節省成本，但是又將每個探員投進可以抓到歹徒、有成績表現的作業。祕勤局要嘛需要人手加倍，要嘛就是職責減半。優先順序全搞混了。」

維安作業受影響，一部分問題出在離職率高，離職率高又是因為調職政策不合理所致。由於太多探員在退休之前就提早離職，工作往往落在經驗不足的探員身上。副總統的隨扈隊就有從反攻擊小組抽調人手、擔任保護工作的情事。

有一位重要隨扈隊的探員說：「這代表我們人手流失，現在必須到其他部門借人來承擔我們的日常活動。我以前從來沒見過局裡頭必須這麼做。」

更令人驚駭的是，對於次於總統和副總統的總統候選人及許多保護對象而言，過去幾年派給他們的反攻擊小組，也由必要的五、六人減為只剩兩名探員。

原本在反攻擊小組任職的一位現任探員說：「反攻擊小組所受訓練是要以五至六人為一完整小組運作。每一成員根據攻擊的方向，各有特定功能。頭一個二人組回應問題，另一組則以火力回應攻擊——提供掩護火力、試圖壓制攻擊者——讓頭一組設法欺近攻擊者，予以殲滅。第三個二人組，或是五人小組剩下的那個成員，則在後方提供掩護，以協助欺近攻擊者的頭一個組。」

這位探員說：只有兩名成員的反攻擊小組，「沒辦法做完這些事，何況他們還要和隨扈隊通訊，報告有幾個攻擊者，傷亡或被抓的好人、壞人各有多少，並且要求隨扈隊長指示下一輪動作是什麼。」

阿布拉克特當年是反攻擊小組創始成員，擔任過四年的組長。他不敢相信祕勤局為了撙節經費，竟在許多個案上把派出的人手減為只剩二人。

阿布拉克特說：「反攻擊小組是由受過高度訓練、極端有幹勁的探員組成。他們全都自動請纓，經過徹底的甄選過程才百中選一，脫穎而出。反攻擊小組本身即是一個配合得天衣無縫的組織。」

阿布拉克特目前負責訓練新進探員，強調反攻擊小組不能只由兩人組成去執行任務。他說：「當歹徒發動攻擊時，一個組立刻出動，試圖包抄、欺近攻擊源頭。其他組布下火力掩護。一旦反攻擊小組取得火力優勢，第二組就出動。」

如果成員只剩兩人，阿布拉克特說：「那就成不了一個團隊，只能說是持有衝鋒槍的兩個人而已！」

曾在反攻擊小組任職三年的波爾（Reginald Ball）也說：「反攻擊小組一向至少有五人，否則這個概念就發揮不了效用。」

當小布希總統的千金芭芭拉於二〇〇四、〇五年到非洲時，反攻擊小組的大多數成員和助理組長聯名致函主管反攻擊小組的副隊長，表示關心反攻擊小組已減到只剩兩人值勤的狀況。

當時隨行保護的一名探員說：「這位副隊長回信否認有任何問題存在，他表示我們應盡力達成使命，不管是完整的一組，還是兩人迷你組。」

除了縮減反攻擊小組，祕勤局自併入國土安全部以來即裁減對聯合國大會的維安工作。當聯合國大會開會期間，每一個多出來的探員都被派去保護前來與會的一百三十多位外國元首和行政首長，以及隨行來到紐約市的六十多名配偶。高階的保護對象可以得到一個完整的隨扈隊，並配備反攻擊小組和反狙擊手小組。

但是，祕勤局現在派給比較低階的保護對象是所謂的「點狀編組」(dot formation)——意即一名組長及兩名十二小時輪一班的探員。在許多個案上，探員從保護總統和副總統的隨扈隊，或是他們的反攻擊小組，調到紐約去。在這段期間，除非近親亡故或重病，探員不准休年假。

在祕勤局改隸國土安全部之前，碰到保護低階對象時，它會從菸酒槍械查緝局、海關及邊境保護局或聯邦法警局那邊借調人手，補充隨扈小組，確保適度保護。

一名奉派在聯合國大會期間保護外國元首的探員說：「點狀編組是個笑話，只是擺個樣子讓我們充當計程車司機罷了。任何有心對付保護對象的人，大概都可能得手。」

聯合國大會期間的維安和反攻擊小組都受到裁減，即使是在職訓練、健身和槍械訓練等經費預算也被大砍特砍。

有位探員說：「身為總統、副總統的隨扈隊成員，每六週應輪到兩週的受訓。整整兩週的槍枝射擊等訓練。可是我到職十九個月，只去受訓一次。我們卻被派去替副總統照顧他孫兒女。」

隸屬某高階隨扈隊的一名探員說：「大部分執法機關要求其員警每年至少有四十至一百二十個小時的在職訓練。你曉得過去兩年我去接受過幾天的保護訓練嗎？零！根本沒有法律裁定案例檢討、盤問技巧、調查趨勢、維安情報調查、先遣作業等訓練。至於遭遇伏擊之反應、緊急醫療狀況演練，或緊急車輛操作等，也無持續訓練。」

這名探員說：「訓練云云，根本不存在。問題的嚴重已經浮現出來。」他舉一個車隊遭伏襲的狀況演練為例子。帶隊官的任務是確定攻擊來自何方。根據他的指揮，探員才知道如何走位，追捕攻擊者。

這名探員說：「可是，我們看到的卻是最難堪的一幕。一夥人亂成一團，不曉得就那個位置，不能確定攻擊來自何方。如果是真的遭遇伏襲的話，幾秒鐘之內就會統統被殲滅，連保護對象也丟了性命。」

另一名現職探員說，根據祕勤局政策，「我們應該每星期有三個小時體格訓練。那是絕對辦不到的啦！」

祕勤局規定，在華府上班的探員每個月都要手槍射擊測驗及格，每一季都要長槍射擊測驗及格。可是和往年做法不同，許多探員發現他們現在一、兩年才接受一次長槍射擊測驗。

二〇〇四年退休的祕勤局副局長史畢里格斯說：「我和主管探員談過，他們表示由於勤務吃重，無法做到這些再教育訓練。」他說：「從前，我們從來不會犧牲訓練。」

離開祕勤局、投效其他聯邦執法機關的探員們說，在新單位的槍械訓練及反恐戰術訓練，品質都遠超都過祕勤局。

其中一人說：「此地鼓勵訓練，而不是替不做訓練找理由。」

祕勤局也和聯邦調查局不一樣，不重視送到局外接受教育訓練。

一名祕勤局探員說：「如果你有心上進，想再修個碩士學位或博士學位，全得靠自己，局裡不會為你在工作排班上有特別通融。聯邦調查局會准你特休、留職去進修。」如果符合工作性質，聯邦調查局還會公費補助探員在外進修。「祕勤局管理團隊的思維是：探員們不需要知道那麼多。閉嘴、好好做事，就行了。」

現在標準已經鬆弛到，探員們會拿到空白評鑑表，替自己的升遷和體能填分數。有一位探員說，因為陪某人打高爾夫、有靠山或和上級有特別關係的人，評分較高。沒有背景的探員得到一句話：「反正你就是『乙等考績』。」

另一位探員說：「本來每季都應該接受體能測驗的，但是我兩、三年來還沒受測。當你接受測驗時，就自己填分數然後繳交上去。」他說：「事實上，我就是體能訓練教官。由於局裡頭太不重視體能訓練，我也沒拿它當一回事。只要拿到一張紙，我就採信探員們的報告都確實。」

第三位探員估計，有九八％的探員自己填體能測驗的成績。他說：「你填了表，交給他；他簽個字，也不曉得你究竟是否真的做了體能測驗。」

探員們都說，因此之故，許多同事身材全變了樣。

有一個探員說：「你只要睜眼看看，有些人身材全變了樣。有位老兄連仰臥起坐都做不來，因為他小腹早已臃腫到直抵下巴了嘛！你再看看一些隨扈，你就明白標準往哪裡去——走下坡了嘛！」

有位探員提到臨時守護特定地點的探員，「我上個週末看到一個崗哨，一個女探員，真是大吃一驚。胖得不得了。你看到這樣的探員不免會自問：『如果我要和你一起進去執行搜索令，你會掩護我嗎？如果我挨了槍，你能扛我出來嗎？如果我和某人扭打，你能跑幾層樓梯來助陣？』恐怕都做不到吧！」

21. 波托士

總統當下的位置顯示在白宮幾個重要辦公室和祕勤局裡一個電子燈箱上。他在上面的代號是「波托士」(POTUS),也就是美國總統(President of the United States)。這個電子燈箱稱做保護對象行蹤器,上面也記載第一夫人、副總統,以及他們子女的位置。如果他們不在華府,行蹤器會出現他們所在的城市名稱。同時,派駐白宮的制服處員警也會以無線電照會同僚,告訴他們總統和第一夫人在白宮內的確切位置。

有位前任制服處員警說,柯林頓夫婦在白宮時,「很好玩,因為你從無線電裡聽到她往哪兒移動,然後你就聽到他往同一地點移動;可是,每次他往她那兒去,她就又往別的地點移動。」

和其他大多數總統一樣,柯林頓只要和仰慕者接觸,就彷彿充了電,渾身精神都來了。

有一天晚上，他要到小岩城參加某個高中校友聯誼會。祕勤局把他投宿的旅館整層封鎖，也徹底檢查可以在該樓層進出的員工。兩名已經通過安全檢查的女傭問探員葛伯（Timothy Gobble），可不可以站在走道末端旁，在柯林頓要下樓搭車前或許可以看到總統一眼。已經晚出發的柯林頓看到她們倆向他揮手，就走過去和她們聊天。

葛伯說：「你可以想像她們有多麼興奮。自由世界的領袖願意和她們交談三分鐘耶！她們後來對我是千謝萬謝、感謝我給了她們這個機會。當時旁邊並沒有攝影機，因此這不是作秀。」

柯林頓不僅喜歡和人打招呼，他還有本事記住他們。有一次在紐約參加全國總工會（AFL- CIO）的活動發表演講後，柯林頓忙著和大家握手。探員們注意到有一名服務生看著他，往他靠近。

當時擔任隨扈的一名探員說：「柯林頓看到他，喊他名字。總統和他握手，還問候他老爸好不好。這個服務生紅了眼眶，說他老爸已經過世了。柯林頓表示哀悼，回頭跟一名助理說，這人的父親罹患癌症。」

探員阿布拉克特說：「當總統們走進群眾時，就彷彿從握手的對象那裡充了電。他們可能因為跑了一天的行程累得半死，可是一接近群眾，立刻又活力百倍。我不知見過多少次這樣的情景。但是，這對柯林頓似乎有最強大的效應。他從他們那裡補充了精力、充滿了電，可以繼續下去。總統們都一樣，可是對柯林頓似乎效應最強大。」

柯林頓喜歡出門跑步，可想而知讓維安人員很傷腦筋。

在柯林頓第一個任期擔任總統隨扈隊副隊長的道寧說：「每天上午都有人等著跟他一起跑步。對他來講，這樣太好了。但是坦白講，對我們來說，這些人實在是不受歡迎的人。他們沒被檢查過；我們不曉得這些人的底細。有人遞給他水瓶，我們實在擔心死了。如果總統每天定期到同一路線跑步，恐怖組織就很容易觀察到他的行動，或許可在路邊的紙屑桶放顆炸彈。如果當天他沒在這條路線跑步也沒關係，他們可以移走炸彈，下次再來。對我們來講，這是前所未見的重大威脅。」

祕勤局向柯林頓報告他們的顧慮，但是他照跑不誤。一九九七年三月十四日柯林頓借宿職業高爾夫名將葛瑞格．諾曼（Greg Norman）佛羅里達州的家，卻在大清早從樓梯失足摔跤之後，情形才有改變。當天，祕勤局聯合作業中心吵醒還在家裡睡覺的探員賈維斯，要求他立刻部署維安人員到馬里蘭州畢士大市（Bethesda）海軍醫學中心，總統將被送到那裡，由醫生接上右膝蓋一根斷裂的肌腱。

當天稍後，柯林頓的車隊由安德魯空軍基地抵達醫院。賈維斯安排一名探員在手術進行中全程守在開刀房內。

賈維斯說：「我不曉得他們知不知道，我們在身上的消毒衣底下藏了槍。但是，手術刀這麼貼近總統——即使是由可信賴的軍醫操刀——總得有一個可信賴的探員掌握反制措施吧！」

柯林頓的隨行醫師馬里安諾（E. "Connie" Mariano）海軍少將，督導進行手術。但是讓賈維斯大驚的是，手術房裡竟有數十名外科醫生排成整齊的一列，等著上前替總統的膝重建手術效勞一部分工作。

賈維斯說：「人人手上有工具、探針、小刀等等，等著輪番上陣或切或戳，或只是瞧上一眼，以後就可以聲稱替美國總統動過手術。打了麻醉之後，第一個醫生動了刀；第二位弄開筋；另一位切開筋；再一位清理、露出膝蓋骨……一連搞了好幾個鐘頭。」

形式雖不一樣，賈維斯已經有數十次經驗見識這種現象：對於絕大多數的人來講，和總統有任何接觸，都是一生當中的高潮。

柯林頓不想用救護車載回白宮，而祕勤局的箱型車又擺不進他要坐的輪椅。由於賈維斯認識莎拉．布瑞迪（她的丈夫詹姆士即是雷根總統遇刺時被打傷的白宮新聞祕書），他問祕勤局是否可以向她借她丈夫那輛可上下輪椅的特製箱型車。

接下來大約八個星期，柯林頓必須藉助拐杖走路，還需要做好幾個月的復健。他必須戴可調式腳套，以限制膝部動作。這次事件之後，柯林頓放棄跑步，開始改用運動器材。

同時，祕勤局也得試著配合柯林頓做調整。

賈維斯說：「柯林頓總統看到一小群人被我們隔離在安全警戒線外，等著要看看總統，他就會迎上去和他們握手。當然，這會使我們分心。我們不希望他接近未經金屬檢測的民眾。我們不知道人群裡是否躲著另一個辛克萊或布瑞默，等著伺機開槍。凶手由於進不了活動會場，說不定就在外圍伺機蠢動。」

事實上，賈維斯就一度碰上這樣的情況。柯林頓有一次走進未經安全檢查的群眾當中。賈維斯說：「我守在安全警戒線旁。別的探員走在總統前方，接下來是總統，然後是後衛，還有其他人部署在周圍。」

賈維斯注意到一名女子，雙手插在大衣口袋中。

賈維斯說，在一場活動中，「你是任務編組的一員，陪著總統行進，你注意到異常，就用無線電報告領隊。基本上要保持安靜，大家不會講什麼話，但如果你是陪著總統走，又說了話，那就代表有什麼風吹草動。你要打量引起你注意的人，你必須快速判斷自己要怎麼做或隨扈隊需要怎麼做。」

賈維斯說，在這個個案上，「怪異之處是人人都看著總統——拍手、呼喊、笑容滿面——可是她的視線卻朝向地上，臉上有疑惑的表情。總統和她只有兩隻手臂長的距離。我立刻報告領隊有狀況，並且以雙臂環抱住這個婦人。」

賈維斯一把抱住她，領隊護著總統迅速離去。

賈維斯說：「她嚇了一跳，但是我死命抱住，讓她的雙手不能從外衣口袋掏出來。直到旁邊的探員到來我才鬆手。」

經過訪談，很快便發現她精神不正常。

賈維斯指出：「她大衣底下沒有藏武器，但是你從他們的反應就知道他們是否精神不正常。當他們的反應異於常人，你就會注意到他們。」

賈維斯說，的確，「不會有太多人喜歡被探員緊緊抱住，在群眾中將他們制住。但面臨到有可能是大災禍的狀況，你可能只有幾秒鐘做出正確回應。」

道寧說：「我們有個年輕、愛跟民眾混在一起，又因為跟群眾混在一起而精神振奮的總統。我們不能去向他報告說：『長官，你一定得改一改。這樣做太不像總統了。』我們必須重新界定我們的執勤方式。」

道寧認為柯林頓毫無預警就跑到群眾當中，也可以有利於祕勤局，因為事先大家都不知道他會怎麼樣。後來升任華府分局局長的道寧說：「至少有心傷害他而事先躲在那兒的人也少了。」同時，祕勤局和白宮幕僚合作，先確認柯林頓會去的地方，容許探員可事先偵察附近地區。

一九九五年二月二十六日星期天上午，道寧看到《大觀》(*Parade*)雜誌上有一篇報導，心知麻煩要來了。這篇報導問：「華府傳出消息，柯林頓依然喜歡捻花惹草，」不知有幾分事實？

《大觀》自己答說：「如果有具體證據說美國總統劈腿，你可以確定它一定會被今天的媒體登出來。白宮新聞團尊重總統的隱私，對婚外情——譬如甘迺迪的狀況——不聞不問的那種日子早就過去了。」

對祕勤局更加不吉利的是，《大觀》雜誌這篇報導又說：「通曉內情的人士說，有關柯林頓放蕩不羈的傳聞，經常可以追溯到祕勤局探員，他們可能和第一夫人存心過不去。報導說，第一夫人懷疑某些探員多管閒事，企圖離間他們夫婦。有位探員最近散布一則消息說，柯林頓夫人厭惡她丈夫的放蕩行為，威脅要和她老公離婚，並預備於一九九六年出馬攪局，和他競爭總統寶座。沒有人會相信這則天方夜譚，但不幸的是，它還是傳遍華府成為蜚長流短的八卦新聞。」

道寧是柯林頓隨扈隊副隊長，那個星期天要值班。柯林頓夫婦要上教堂，柯林頓完全沒跟他提到《大觀》雜誌這篇報導。可是，兩個小時後，道寧已回到艾森豪行政大樓六二一室他的辦公室，電話響了。

白宮接線生說：「道寧先生，總統要和你通電話。」

柯林頓開門見山就問道寧：「你今天早上有沒有看《大觀》雜誌？」

道寧答說：「是，長官，我讀了。我對這個報導很不安。」

柯林頓說：「這種事發生太多次了，祕勤局是不是故意要出我洋相啊！」

道寧說：「總統先生，破天荒第一遭，為了維護我們所保護家庭的隱私，我們得如此捍衛我們的榮譽。我們不妨想一想，你認為我們若是要嚼舌頭，我們會說這些荒誕不經的事嗎？例如夫人會出馬和你競選總統？」

柯林頓想了一想，說：「你說的有道理。」

事實上，外頭傳聞的許多故事都不是事實。希拉蕊從來沒朝柯林頓丟檯燈；祕勤局從來沒看到她有女同性戀的跡象；柯林頓也絕未潛出白宮，到萬象酒店（Marriott）與女友幽會。但是，一九九八年八月十七日，柯林頓在白宮地圖室透過電視，向全國人民坦白交代他和柳文斯姬（Monica Lewinsky）有關係。柯林頓說：「的確，我和柳文斯姬小姐有不妥當的關係。事實上，這是不對的行為。」

次日，柯林頓夫婦搭乘空軍一號專機前往馬莎葡萄園。

阿布克拉特說：「他在電視上向全國坦承柳文斯姬事件之後，我（陪著他們夫婦）來到馬莎葡萄園。」阿布克拉特在指揮所時，希拉蕊來電話，劈頭就問：「他人呢？」

阿布克拉特小心翼翼答說：「報告夫人，總統現在到城裡去了。我猜他剛到一家星巴克咖啡館。」

希拉蕊要求：「查證清楚。」阿布克拉特照辦。希拉蕊接著命令阿布克拉特告訴總統：「叫他立刻給我回來。」

阿布克拉特趕快把話傳給隨扈隊。

阿布克拉特說：「老天爺！柯林頓喜歡和人攪和在一起，喜歡打高爾夫。但是她對這些統統沒興趣。柯林頓必須守在馬莎葡萄園家裡，哪裡也不准去，等於是遭到禁足。」

公開場合的希拉蕊笑容可掬，舉止優雅。一旦離開攝影機，她那暴躁易怒的性格就浮現出來。希拉蕊競選聯邦參議員時，到處出席各式餐會做為她的「請益之旅」。

擔任她隨扈的一位祕勤局探員說：「活動事先都經過布置，發問也是事先審查過的問題。競選團隊會提前三天告訴餐會主人，他們會來參加，要求主人盡量召集朋友出席。如果她認為競選團隊號召的人不夠多，希拉蕊會大發雷霆。希拉蕊的脾氣十分火爆。」

在公開場合，代號「長春」(Evergreen)的希拉蕊拉攏執法機關，私底下卻不喜歡警察接近她。

有位前任探員說：「她不希望看到警察在周圍。你怎麼去對警察解釋呢？她也不希望看到祕勤局探員太接近。她要求州警和地方警察穿西裝，守在沒有警徽的車內。如果萬一發生意外，這不就麻煩了嗎？除非警察穿制服、開警車在附近打轉，人們怎麼會曉得附近有警察？如果他們不知道有警察在附近，人們比較容易失控。」

有一天在雪城(Syracuse)時，一名蓄鬚男子過度積極要拿到希拉蕊的親筆簽名，趁她走出旅館時將她攔住。

一名探員說：「他抓住她，她嚇得臉色鐵青。但是她原先堅持不要我們靠近她。」

希拉蕊的競選幕僚安排她到紐約州北部一處乳業城鎮拜訪四健會。當他們靠近這個戶外集會時，她看到民眾穿著牛仔褲，周圍都是乳牛。希拉蕊立刻火冒三丈。

有位探員記得：「她轉頭痛罵一名幕僚：『我們來這鬼地方幹什麼？這裡又沒有錢。』」

和希拉蕊相反，柯林頓離開白宮之後，「和探員們非常友好。」一位探員說：「我認為他瞭解一旦卸任，恐怕只有我們會對他不棄不離，因此他對待我們非常友善。」

直到一九九七年以前，卸任總統都享有祕勤局終身保護的待遇；他們的配偶也享有同樣的終身保護，除非改嫁。可是，國會修改法律，於一九九七年起生效，在此之後卸任的總統僅能享有最高十年的維安保護。柯林頓是第一個適用最高十年保護的卸任總統。卸任總統子女在十六歲以前可得到祕勤局保護。二〇〇八年九月，國會立法把對副總統、副總統配偶，以及未滿十六歲子女之保護，延長到他卸任六個月之後。

柯林頓的一位前任隨扈探員說，柯林頓卸任後，「到處和人握手；他不時伸出雙手和工人握手。即便隔了五十英尺而且人還在活動梯上，他還是會繞過飛機去和工人握手。在旅館裡，他會穿過餐廳，走到廚房，和大家握手、拍照。」

柯林頓的辦公室設在紐約市哈林區。當地有個女人告訴探員說：「甜心，你可以休假啦！我們會好好保護他。」

22.
關閉金屬偵測器

聯邦參議員凱瑞（John Kerry）競選總統時，在某火車站旁的一項活動快要開始了，可是仍有千餘名支持者還未通過安全檢查。

凱瑞的一名幕僚問說：「怎麼辦？還有一千多人等著通過金屬偵測門耶！」

探員答說：「沒錯，這是安全措施。只要通過檢查，他們就可以盡快入場。」

這位助理說：「他還有五分鐘就要到達會場了。我們來不及讓這麼多人通過安全檢查了。」

根據這位探員的說法，祕勤局上級因此便准許民眾不經安全檢查，統統入場。

這位探員說：「這種情形在其他城市、其他場合也發生過很多次。他們是怎麼做出這種決定的？探員們努力照章行事，盡可能保護候選人的安全，可是上級一句話就完全推翻了原先的努力。」

小布希總統有一次訪問東歐某個國家，隨行的一名探員說：「當地警方建立一個很好的檢查哨，以金屬偵測器徹底檢查與會人員。可是，一名幕僚發現金屬偵測安全門前大排長龍，使得許多人無法及時入場聽布希演講。她要求管事的人加速移動隊伍。制服處一名警官說，他們必須善盡安檢職責。豈料這個白宮幕僚大動肝火，威脅要把他舉報給布希隨扈隊長。不過，當地警方堅持立場，不向她屈服。」

可是，其他時候，祕勤局也向白宮或候選人的壓力屈服，停止金屬偵測安全檢查。小布希總統前任幕僚長卡德（Andy Card）告訴我，向這種要求退讓時，祕勤局高層對白宮幕僚保證，停止安檢不會造成問題。白宮因而信賴祕勤局的判斷。

幕僚們傾向於相信祕勤局無所不能，因為這符合他們的政治目標。他們不想冒犯選民。可是，一旦某人未經過安檢便入場，卻掏出武器或投擲手榴彈，暗殺了總統或候選人，那可完全是祕勤局失職。布里默之所以能夠射傷阿拉巴馬州州長華萊士——在祕勤局保護下，迄今唯一遭到槍傷的總統候選人——就是因為沒用金屬偵測器。

和保護總統的情況一樣，國會在處理保護總統候選人的立法工作上，動作十分遲緩。直到羅伯·甘迺迪一九六八年六月五日甫贏得加州民主黨總統初選即遇刺身亡，國會才把保護擴及到候選人。由於這項立法，一九七二年五月十五日，華萊士在馬里蘭州勞瑞爾市某購物中心停車廣場向大約兩千名民眾演講時，有祕勤局探員保護他。那一天天氣晴朗，由於天熱，華萊士決定脫掉難受的防彈背心。

當時參加隨扈工作的祕勤局探員布瑞恩（William Breen）記得：「群眾歡呼不斷，他的確懂得如何激勵群眾。當他演講完畢後，本應離開講臺，直接上車。並沒規劃好要中間停頓。他一往臺下移動——我是開路的探員——他應該跟在我背後。我預備直接往轎車移動，他應該立刻上車，我們就要趕往下一站。」

平立可田徑隊員梅立曼向華萊士說：「我會投你一票！」

此時，布里默從觀眾的第二排跳出來，高喊：「州長！這邊！這邊！」

布瑞恩說：「他（華萊士）朝布里默走過去，當然保護隊形就變了。布里默掏出槍來，朝他開槍。」

第一發點三八口徑子彈打中華萊士腰部。布里默又連開五槍，除了一發，其餘全部命中。因為午後熾熱而未穿西裝上衣的華萊士，往後倒向地面。藍襯衫滲出血跡。他的太太柯妮莉雅衝到他身旁，哭著用雙手扶起他頭部。她的米白色洋裝也沾滿血跡。

布瑞恩說：「隨扈隊長泰勒（Jimmy Taylor）和我最先湊近華萊士，把他扶好平放地面。」布瑞恩湊近他耳朵低聲說：「州長，我是比爾。你中槍了！你會沒事的。」

祕勤局探員和阿拉巴馬州州警撂倒布里默。除了華萊士之外，布里默還打傷了阿拉巴馬州州警多哈德（E.C. Dothard）、祕勤局探員查沃士（Nicholas Zarvos），以及為華萊士助選的義工湯普生女士。雖然華萊士沒有喪生，但已終身癱瘓，後來也退出選舉。

布里默和大多數的刺客一樣，也留下一本日記。他信筆所記，全是自哀自憐，敘述自己如何可憐和渺小。他也和大多數的刺客一樣，跟監他的受害人。布里默在行刺華萊士之前，曾經跟監過尼克森和其他全國性人物。就在他行凶之前幾天，布里默曾在密西根州卡拉馬助市（Kalamazoo）某一兵工廠外，坐在車上一整天。華萊士排定要在那裡演講。有一名商店老闆起疑報警，警方也以他行為可疑盤查他。他說他等著要聽華萊士演講。警方聽信他的說詞，也沒搜查他是否身懷武器就放了他。

和從前的謀殺未遂案件一樣，祕勤局從這起事件學到教訓。當時，祕勤局並未備有緊急醫療人員同行，以便謀殺未遂時施救。布瑞恩還記得他當時還找出一包香菸，撕下玻璃紙，試圖替華萊士的傷口止血。現在，祕勤局會先照會總統或其他保護對象到訪城市的醫院，請它們待命。至少早在小羅斯福總統時期，就有一名軍醫會在總統出訪時隨行，白宮之內也維持一套醫療設施。

布瑞恩說：「如今若是發生事故，當你趕到醫院時，整個醫療團隊已經就位。一九七二年，泰勒和我碰上祕勤局探員的最大夢魘——保護對象被殺死或受傷害——那時候根本沒有這種備援方案。這是你的工作，你應該保護他，而偏偏這種事就發生了。固然這種事很罕見，但畢竟還是會發生。探員們很難過，可是也只好抱憾終身。」

雖然祕勤局要以金屬偵測器檢查群眾，華萊士等候選人卻不肯，認為這樣的安全措施會惹惱民眾，使他們不想出席。雷根遇刺之後，祕勤局開始例行性動用金屬偵測器檢查群眾，搜查是否藏有武器。不做金屬偵測安檢就准許群眾進入活動現場，變成無法想像的事。可是，近年來受到政治人物的幕僚施壓，祕勤局常常屈服，未做安檢就准許民眾入場。

但這種事只有一次見了報。媒體報導，現職或退休的執法官員抱怨，二〇〇八年二月二十日民主黨總統候選人歐巴馬即將出席達拉斯的重逢體育場（Reunion Arena）舉行的一場造勢活動；活動開始之前一小時，祕勤局停止了金屬偵測安檢作業。

《福斯堡明星電訊報》（*Fort Worth Star-Telegram*）報導，狄芬保（Danny Defenbaugh）質疑警衛為什麼突然停止安檢？狄芬保曾在聯邦調查局任職，主持該局對一九九五年奧克拉荷馬市爆炸案的調查工作。

狄芬保質問：「他們怎麼會這樣做？」又說，「『當然』應該繼續執行是否身懷武器的檢查作業。他說：「你也曉得一九六三年在達拉斯發生了什麼事故。我不認為達拉斯希望再次發生悲劇。」

加州柏克萊居民亞當斯投書該報，指出四十多年前甘迺迪總統在同一城市遇害的故事，他說：「安檢作業如此鬆懈實在愚不可及，它尤其不該發生在達拉斯。」

祕勤局發言人查倫（Eric Zahren）在華府回應，否認停止安檢作業會造成問題。查倫告訴這家報社，「活動現場安檢滴水不漏」，「沒有偏離完整的」計畫，「也與我們的執法伙伴非常密切配合」予以執行。

但是探員說，三不五時會有這種便宜行事的做法，而且還有違常識。擔任歐巴馬競選期間隨扈的一名探員說，當群眾人數超過預期時，捨棄金屬偵測是司空見慣的情形。雖然這些人會坐到遠離候選人的區域，也經常位於緩衝區後方，「但是有心人仍可開槍，設法鑽到前排，或甚至引爆炸彈。」

其他的探員說，小布希總統、愛德華茲（John Edwards）、凱瑞等人出席的場合，也發生停止金屬偵測安檢作業的情況。探員們認為安檢作業如此草率，原因出在祕勤局沒有充分人力可以妥當檢查每個人。

擔任歐巴馬隨扈的那位探員說：「這是驕縱自滿心態作祟。他們聲稱我們可以力求精簡、仍舊完成使命。」

除了此一缺失，祕勤局不僅將派給候選人的反攻擊小組從五、六人減為兩人，甚至還拖拖拉拉，遲遲才派。當候選人堅持反攻擊小組別太接近以免嚇壞群眾時，祕勤局也輕易就從命。

有個探員說，二〇〇八年總統大選期間，「派去保護候選人的反攻擊小組探員竟被要求遠離內圍區域，往往要離開一個街廓左右。」

反攻擊小組的任務特殊，他們應該要位於能夠直接目視候選人的位置。一名現職探員說：「一項攻擊行動，從頭到尾，往往只需要十至二十秒的時間。如果你位於一個街廓之外，你就無法辨識威脅、無法掌握保護對象的確切位置、也無法回應威脅、反制威脅，並依隨扈組長的指令行動。」

在體育場裡，反攻擊小組守在保護對象要離開舞臺的那個點。在這種情況下，群眾看不到他們，因而候選人不反對他們守在那兒。當反攻擊小組守在「完全起不了作用」的遠方時，有位曾經擔任過反攻擊小組成員的探員說：「那就成了裝飾用的花瓶。在戰術隊員還來不及回應之下，攻擊行動已經完成。」

許多探員認為祕勤局撙節經費始於它併入國土安全部。被歸併進入公認運作不佳的國土安全部，又得和其他的治安機關爭搶預算經費，使得祕勤局水準下降。小布希的白宮人員不時要求祕勤局跳過金屬偵測安檢作業，毫無疑問慣壞了祕勤局。甚且，國土安全部部長齊托福（Michael Chertoff）本身對降低水準也難辭其咎。

二〇〇八年十月，國土安全部下屬機關「移民及海關執法局」對芮德（James D. Reid）裁罰二萬二千八百八十美元，因為他在馬里蘭開設的清潔公司涉嫌雇用非法移民，替齊托福及華府一些家庭做清潔工作。表面上看起來，會發生這種事太過匪夷所思。因為，保護齊托福的祕勤局理論上應該要徹底檢查在頂頭上司國土安全部部長宅邸工作的人員之身家背景——包括是否具備公民資格。二〇〇八年十二月十一日《華盛頓郵報》報導這則新聞之後，祕勤局發言人也表示說，保護齊托福的探員「有妥當地檢查、護送進出人員，以便維持住宅的安全和我們保護對象的安全」。

但是，齊托福的一名隨扈探員說，雖然祕勤局起先按照規定審查工作人員，可是在喬治城大學法學院兼任法學教授的部長夫人梅兒（Meryl），卻「斥責探員騷擾」這些工作人員。

主事的探員屈從了部長夫人的要求。探員說：「因此我們就一度停止身家調查了。」即使做調查，「工人很顯然提供了假的身分資料，可是（探員）忌憚部長夫人，讓他們過關。由於她不高興我們盯著工人，我們也就聽任他們自由走動。」

另一名探員也證實說：「探員在工人進入公館之前做檢查，齊托福夫人卻不高興我們在執行任務。」

被要求就此事做評論時，國土安全部發言人諾奇說：「這是毫無根據且聳人聽聞的指控，我拒絕評論。」

諾奇重述早先祕勤局對《華盛頓郵報》的回應，指稱部長公館所簽約的服務廠商有責任確保其員工具有合法身分。

諾奇說：「身為顧客，齊托福夫婦得到芮德的保證：派到公館服務的人員都有在美國境內工作的許可。齊托福夫婦一獲悉芮德騙了他們，雇的是沒有工作許可的員工，便立刻開除了他。」

祕勤局竟然允許自己成為藐視移民法的共犯，甚至指示其探員漠視違法事實，實在令人驚駭。在攸關總統、副總統和總統候選人的性命安危時，不做金屬偵測安檢，更是令人驚駭。

在祕勤局納入國土安全部、並開始大力撙節經費之前就已退休的探員們，咸稱他們從未聽說有中止金屬偵測安檢措施的事。聽到目前有這種便宜行事的做法時，他們還堅稱祕勤局絕對不會這麼做。

二〇〇一年以教官身分退休的阿布拉克特說：「幕僚有時候在活動即將開始時，會提議中止金屬偵測安檢作業。但是，我不曉得有任何探員曾經這麼做。我們不會這麼做。我們才不介意媒體或民眾怎麼看待這個人，那不是我們的重點。我們只介意這個人的安危。」

賈維斯曾任柯林頓的隨扈，後來轉任教官，於二〇〇五年以主管職退休。他說：「你一直都會面臨來自政治幕僚的壓力，但是你不會停止金屬偵測安檢作業。有時候檢查會使人潮流動減慢。但是祕勤局沒有人會中止金屬偵測安檢作業，放任幕僚危及維安作業，置總統性命於險境。」

主管保護作業、於二〇〇四年以祕勤局副局長身分退休的史畢里格斯說：「幕僚要求加快或停止金屬偵測安檢作業，我是絕對不會退讓的。」

23.
領路人

二〇〇一年九月十一日，小布希總統正在佛羅里達州沙拉索塔市（Sarasota）一所小學向學童說故事，祕勤局急忙把他送上空軍一號專機。

通常有一架綽號「末日飛機」的波音七四七會跟著空軍一號，而當總統降落在地面上，它也會停在附近。這架飛機裝有高度精密的通訊器材和軍事武器，做為一旦遭遇嚴重攻擊（如核子攻擊）時的機動指揮所。九一一攻擊之後，高層一度考量把小布希移到末日飛機之上，但是後來因為怕總統改搭它的消息傳出會製造恐慌，而打消此議。

當時的祕勤局局長史塔福（Brian Stafford）回想說：「我提議他不要回華府。起先他同意，後來再談起，他就不怎麼同意了。那時，我們已經全面禁止空中飛行。即使我們尚未掌握全面狀況，我們已經比先前較放心讓他回到首都。」

在安德魯空軍基地降落後，布希搭乘陸戰隊一號直昇機回到白宮。

探員們護送第一夫人蘿拉由國會山莊移動到祕勤局總局地下室。在這種國家緊急狀況期間，祕勤局和軍方合作以確保政府持續運作，並統籌對依法可繼位總統的官員之維安保護。由於此一統籌功能，即使依法可繼位總統的官員已經得到其他單位提供之保護——如國務卿受到國務院保護、眾議院議長和參議院臨時主席得到國會警局保護——他們都會由祕勤局賦予代號。譬如，勞工部長代號「火鳥」（Firebird）——原本代號「消防栓」（Fireplug），但趙小蘭部長不喜歡，才改稱火鳥。

攻擊發生時，蘿拉出門在外，只有兩輛汽車、四名探員。護送她前往總局之前，隨扈召來其他車輛和人員。九一一事件之後，蘿拉的隨扈增加一倍以上。

布希於下午六點五十四分進入白宮，黑衣探員手持衝鋒槍已經布下天羅地網。蘿拉來到位於地下的碉堡「緊急作戰中心」和他會合。當天夜裡，他們睡在白宮二樓的臥室；十一點半時一名探員跑得氣喘如牛，把他們叫醒。

這位探員說：「總統先生！總統先生！有一架身分不明的飛機正往白宮飛來！」

布希夫婦身穿睡袍，匆匆回到地下碉堡，一名助理替他們準備行軍床。此時消息傳來，飛機並無惡意，結果是虛驚一場。

布希夫婦的好友南西．魏斯（Nancy Weiss）說：「喬治必須牽著她走到地下室。她是個大近視眼，不戴隱形眼鏡的話連廁所都找不到。」

九一一過後一個多月，布希前往中國時，蘿拉和好友黛碧．法蘭西斯（Debbie Francis）回到德州克勞福農場。蘿拉的隨扈報告，剛接獲線報有人要對她不利。

黛碧回想說：「他們把我從賓客宿房移到主宅，以便萬一需要迅速疏散。我睡在她女兒房間。當天晚上，他們要求房裡不要有任何燈光。因此我們拉上窗簾，只點蠟燭。」黛碧說：「蘿拉全程都十分鎮靜。」

由於一出白宮，祕勤局就要先進行許多維安措施，所以布希不太願意出門到餐廳用餐。有一次他告訴蘿拉，他很不喜歡在吃飯時被眾人注視。蘿拉大笑說：「那你就不該競選總統呀！」

蘿拉和她丈夫不同，經常溜出白宮和閨中密友吃午飯。她的隨扈隊則坐在鄰桌戒備。

總統私人用餐和私人宴會的費用必須自理。但是，公務招待費用由白宮或國務院買單。執政黨負擔聖誕節活動和卡片費用。通常出席白宮聖誕節活動的人數高達一萬兩千人。近年一次聖誕假期，布希夫婦邀來的賓客總共吃了一千磅蝦子、三百二十加侖蛋酒、一萬個墨西哥粽子和七百個蛋糕。這還不包括純供觀賞的三百磅漆上白巧克力的薑餅屋。

招待新聞界的自助式晚餐，包括烤羊排、炸雞、燻鮭魚、明蝦雞尾酒、馬里蘭蟹肉蛋糕、紅酒浸泡火腿等等。更不用說還有各式各樣可口糕點，無限量供應。

政府一年要花費多少經費供奉白宮，誰也說不準。總統年薪四十五萬美元，外加交際費五萬美元、差旅費十萬美元。白宮和總統辦公部門每年預算兩億兩百萬美元。但這只是白宮真正開銷的一小部分。真正的成本超過十億美元以上，甚至國會和國會的稽核單位——政府審計處（Government Accountability Office）也不清楚，因為另有數十個機關分攤白宮支出或派遣人員供它差使。

過去十二年負責稽核白宮帳務的政府審計處官員柯洛寧（John Cronin, Jr.）說：「白宮的總支出不見於任何紀錄。海軍管它的廚房和大衛營，陸軍提供車輛和駕駛，國防部負責通訊，空軍支援飛機，陸戰隊出動直昇機。國務院替所有國宴買單，國家公園局負責庭院環境整修，祕勤局提供維安保護，總務署維修東廂、西廂和舊行政大樓，還要支付暖氣費用。」

新聞媒體常常傳述一則神話，說小布希是副總統錢尼的傀儡；還有一個說法是他太頑固，誰的話都不聽。事實上，他很有主見。依據前任白宮幕僚長卡德的說法，二〇〇三年感恩節突然造訪巴格達勞軍，是布希自己的點子。卡德說，布希只問祕勤局是否認為可以安全來回。出發之前一個多月，卡德在白宮召集蘇禮文局長及祕勤局其他官員開會，開始規劃。白宮後來才通知國防部這個計畫。

布希也常拿自己開涮，笑說他不太會講英語。有一次布希應邀到廣播及電視記者晚餐會演講；幾天前，他的好朋友強生正好到橢圓形辦公室探望他。

布希對綽號「大個子」的強生說：「我的演講會是你前所未聞最好笑的。他們輯錄了我在

（二〇〇〇年）競選期間的一大堆無厘頭的話。我自己都不敢相信一個總統候選人會講出這些話！」

布希舉了幾個例子：

「非洲這個國家……」

「錢尼和我不希望我國陷入不景氣。我們希望每個能找到工作的人，都能找到工作。」

「家庭是國人尋找希望的地方，翅膀因它有了夢想。」

「那位曉得我有閱讀能力喪失症的女士——我從來沒訪問過她。」

強生說：「我從來沒看過他笑得那麼痛快。」

祕勤局非常感謝布希是個十分準時的總統。

有位探員說：「布希非常親切、體恤部屬。永遠關心周圍的人。」他們夫妻倆經常拿食物分給探員們。

他的一位前任隨扈說：「他在麥克風前並不自在。跟我們在一起時，他的言詞舉止都不一樣，風趣極了，非常幽默，愛開玩笑。他可以說是具有雙重人格。」

小布希代號「領路人」（Trailblazer）。隨扈們喜歡和他一起跑步、一起劈木材。祕勤局設法將局裡頭一流的跑步健將調來做他的隨扈，才能跟得上他。由於膝蓋受傷，布希後來放棄跑步，改騎腳踏車，常到馬里蘭州勞瑞爾市祕勤局的訓練中心騎車。

有位探員說：「他喜歡和隨扈隊裡這夥體育健將攪和。他的體格十分強壯。隨扈可以和他競賽，有時彼此還玩惱了。很有意思的是，因為他被診斷出有膝傷，便放棄跑步、改騎登山單車運動，喜歡得不得了。有一次他騎得太快，整個人飛出去，撞到樹桿。可是他立刻起身，拍拍乾淨，又再上路。」

另一位探員說：「你曉得和他一起騎單車，不應該超越他。他應該一馬當先。有一次我值勤時，藍斯・阿姆斯壯（Lance Armstrong）到農場來作客。總統竟然跟藍斯一較高下。我猜藍斯故意讓他贏了。」（譯按：阿姆斯壯是美國公路單車賽好手，七度拿下環法大賽冠軍。）

如果說探員們對小布希頗有好感，恐怕還不及他們對第一夫人的讚美。一位探員說：「每位探員對蘿拉都十分敬愛。我從來沒聽到有人對她有負面評語。完全沒有！每個人都敬愛她。」

有位探員在聖誕假日奉派值勤，他還記得蘿拉有多體貼。代號「節奏」（Tempo）的蘿拉和他聊了半個鐘頭，為了他必須在聖誕假期遠離家人值勤而表示歉意。

另一位探員說：「你在電視上看到的蘿拉，和你親見的蘿拉並無二致。她永遠面帶笑容，有一次還特別禮遇我老媽，使我永遠感念。我們受邀參加白宮的聖誕晚會，我媽仔細研究了蘿拉的衣飾，設法弄來類似的一套。我媽走進會場，當司儀宣布她的名字，布希夫人便輕呼我媽的閨名，誇讚說：『哇！妳今天晚上真漂亮啊！』我媽可真樂壞了。」

蘿拉對人生一向採取積極正面的態度，這裡有一個例子。二〇〇四年大選之前，凱瑞參議員的太太德瑞莎・海因茲・凱瑞（Teresa Heinz Kerry）說：「我不曉得她（蘿拉）有過真正的工作。」蘿拉一點也不介意。德瑞莎後來道歉，但是蘿拉告訴記者，其實她用不著道歉。她說：「我曉得這很不容易，記者們會拿些問題來套你的話。」

當天夜裡在白宮餐桌上，蘿拉還是同樣的態度。管家送上食物後，女兒珍娜（Jenna）和芭芭拉都對德瑞莎的話表示憤慨。珍娜一向是大炮。

珍娜說：「媽！妳曉得嗎，她這樣說分明就是瞧不起扶養子女的每一位女性。她認為帶小孩不是真正的工作。最可惡的就是這點。她不僅忘了妳曾經教過書，還看不起帶小孩的媽媽們。」

在座的潘蜜拉・尼爾森是蘿拉中學時代以來的好朋友。她聽蘿拉說過公眾人物說話極易被斷章取義。

蘿拉說：「你們都記得『放馬過來！』那句話引起的政治風波。每一句話到了有心人嘴裡，都可用來攻擊你。」她指的是布希二〇〇三年七月放話挑戰會攻擊伊拉克境內美軍的人。

潘蜜拉說：「這將是有史以來最卑鄙的一場選戰。」（她指的是二〇〇四年小布希爭取連任這一役。）

蘿拉說：「不，林肯當年競選時，對手發放的傳單對他和他家人的汙衊，那才可怕。」

24. 得過且過

祕勤局向國會議員衮衮諸公驕傲地展示羅雷訓練中心時，原本應該端出沒有預先彩排過的鋤奸救主節目來加深印象。但是，事實上這些演練都預先祕密彩排過了。

有位在場的探員說：「國會議員被引導參觀訓練中心，我們進行的是從大樓將保護對象撤退出來的演練。我們假設的狀況是旅館失火，或是外頭發生爆炸，必須把副總統從旅館疏散。我們要把他送下樓、進入車隊、撤離現場、轉進到安全地帶。」

這位探員說，國會議員要來參觀的當天上午，「情況全變了。大小事都要照劇本排練，不得有任何差池。我們不免納悶：『我們為什麼要照劇本排練？我們應該照實況演練啊！』」

探員們被告知：「今天有國會議員團要來參觀。」

這位探員又說，通常的訓練演習，「歹徒可以幹掉探員。你不知道啦！你會看見探員被幹掉，你會看到兩個探員在樓梯間撞成一團。什麼狀況都可能發生。如果你要讓訓練有效果，就得照實況發展走完全程。可是，因為國會議員要來參觀，我們就得照劇本排練演出。」他說，真實的訓練當中，「你絕不會彩排這些項目。」

經過彩排後的演出果然效果不錯，參眾議員看完非常開心。「他們看到某個當事人遭到攻擊、看到探員如何反應、看到貼身隨扈如何保護他、也看到反攻擊小組如何部署；但是他們卻不知道，過去兩天這些人是怎麼照著劇本排練的。」

另一位現職探員說，同樣的情況也發生在一團聯邦檢察官來參觀羅雷訓練中心之時。在來賓抵達前，探員們彩排了兩個小時。

事情不應該是這樣。

祕勤局前任副局長史畢里格斯說：「假設的狀況是總統要發表演講。他們不曉得何時會出事，不曉得是否會發生攻擊、攻擊從哪裡來，或者對方有什麼樣的火力。」

祕勤局發言人唐諾文被問到彩排演練這件事時，不肯回答。

祕勤局也喜歡在羅雷中心向國會議員炫耀探員們槍法神準、百發百中。但是，祕勤局沒有告訴國會的是，由於祕勤局仍在使用過時的MP5衝鋒槍，探員們的火力已屈居下風。相形之下，陸軍和其他聯邦執法機關都已改用更新、更有威力的M4卡賓槍。

固然陪著總統出訪的反攻擊小組已配備和M4同級的SR16，隨扈隊裡的其他探員也需要有精良武器才好反擊。這些探員大多還使用MP5。此外，所有探員都配發一把SIG紹爾P229手槍，槍管已改良成可用點三五七口徑子彈，以取代較小的標準九釐米子彈。

一名現職探員說：「你一定認為祕勤局在武器方面必定領先群倫，其實不然。他們還在用（一九六〇年代研發出來的）MP5衝鋒槍。國務院的保安人員用的是M4，也就是我們（一九九〇年代研發出來）在伊拉克和阿富汗的士兵所用的武器。它的威力更強大、射程更遠、穿透鐵甲的能力更強。」

陸軍以M4為主要兵器。聯邦調查局訓練探員都要會使用MP5和M4。甚至連美國鐵路公司的警察也配備M4。

一名探員說：「你會受到歹徒使用AK47攻擊性長槍的攻擊，你也會受到來自M4的攻擊。我們一定要比得上、或更優於敵人的兵器不可。你希望有相同或更好的射程。問題是，如果車隊遭遇槍戰，用MP5的話，你是用手槍擊發衝鋒槍的子彈——基本上你打出去的還是手槍的子彈。你不希望一槍打出去，卻因射程不足而打不到歹徒。基本上以他們現有的武器來講，情況也就是如此。」

他說，事實上，「以MP5擊發九釐米的槍彈，根本連一般民用車輛最普通的車身鐵甲都打不穿。」

在某個隨扈隊服務的一位探員說：「每次我去受訓，進行車隊遇襲演練的時候我就笑破肚皮。我們所謂的攻擊者使用的武器是AK47。當攻擊發起時，歹徒以AK47開火，震耳欲聾。感覺就像在中東遭到伏擊。然後再聽聽隨扈以MP5反擊。它簡直就像玩具槍嘛！」

祕勤局所用的MP5和M4還有一點不同：MP5沒有夜視能力，也不能在槍上加裝閃光燈。閃光燈的作用是協助探員在夜間確認目標、照亮黑暗的房間，也可分散敵人的注意力。暫時使攻擊者睜不開眼，也有助於探員在對抗中占上風。

一名探員說：「沒有夜視能力，我們居於十分不利的地位。很遺憾、也很尷尬，我們竟然沒有這樣的基本裝備可以至少在相同條件下對付可能的刺客。」

事實上，在「腰帶鎮」某次夜訓演練，就差點發生友軍相互開火的意外，因為隨扈探員分不清在樹林中移竄的反攻擊小組成員是友是敵。為了讓友軍辨識自己，反攻擊小組成員戴著一個俗稱螢火蟲的小東西，它會發出一閃一閃的光。可是，只有透過夜視鏡或裝在武器上的望遠鏡才看得到光線。某些探員事後說，他們差點把反攻擊小組成員當做是敵軍，打成馬蜂窩。

探員們一再向上級反映，迫切需要改善武器，但高層置若罔聞。

一名探員說：「有人在力爭把武器提升為M4，可是坐在總局裡的高層卻跳出來說，M4是戰爭用的武器，不是保護用的武器。這只是他們不想花錢買新武器而掰出來的藉口罷了。」

被問到為什麼他們的武器沒有夜視能力、也不能裝閃光燈時，主管們說，祕勤局需要「娃娃學步」——意即要提升探員的武器，花費太大，必須一步一步來，不能一次到位。美國一個月要花一百二十億美元來維持伊拉克的美軍行動，更不用說投入七千八百七十億美元替經濟紓困，而祕勤局高層竟然遲疑不決，不提供最好的武器去擊退來敵、保護總統，這實在讓人百思莫解。

探員說，祕勤局依然抱殘守闕，死腦筋認為下一次行刺還會是孤鳥槍手單槍匹馬做案。他們不夠重視新的可能性：恐怖分子或許會全面出擊，或是利用臨時製作的爆炸器材發動攻擊。

在總統和副總統兩大隨扈隊之一服務的某探員說：「我們不妨看看臨時製作的爆炸器材，看看真實的威脅是什麼。你不妨看看我們的子弟在伊拉克每天要面對的是什麼，再看看這些威脅會怎麼傳回美國。現在已經不是孤鳥刺客拿著點四五手槍，躲在某個二樓窗口等候車隊經過的時代了！點四五子彈打到總統轎車玻璃，它都可以抵擋得住。」

祕勤局高層也沒有重視自殺炸彈客行凶的可能性。

另一名探員說：「（巴基斯坦的）班娜姬．布托（Benazir Bhutto）站在轎車上，遭自殺炸彈客殺害，祕勤局怎麼能不訓練如何對付自殺炸彈客呢？怎麼會看不見這是你必須集中注意力的新生事物呢？現在哪裡是槍手憑點四五手槍就要幹掉總統的時代。我們應該擔心的是今天的實際威脅。」

根據第三個探員的說法，祕勤局有一道新指令，提到自殺炸彈客的威脅，但是交代得不清不楚，只說探員們應該嘗試跟他們談談。

他說：「如果我看到某人在華氏九十度大熱天，身穿冬天的夾克，而且滿頭大汗、神色緊張，我一定撂倒他，不讓他再靠近。你曉得嗎，如果我開始跟他講話，有人一定會當場喪命。我才不跟任何人講話咧，我晚上還想要回家抱老婆小孩。」

打小算盤、便宜行事的傾向也延伸到對卸任總統柯林頓夫婦在紐約恰帕瓜住處的維安作業上。恰帕瓜是個如詩如畫的安謐城鎮，令人想起一九五〇年代的小城生活。它的迷你市中心全是一些家庭經營的小店，店東喊得出每個顧客的名字。柯林頓夫婦一九九九年花了一百七十萬美元，在這個曼哈頓北方三十五英里的林木參天小鎮，買了一棟五個臥房的荷蘭殖民風房子。

威徹斯特郡的九千名居民，都遵守一套不成文的行為準則：凡是開車經過老屋巷這棟白色房子，不要東張西望、放慢車速或停到路邊。雖然恰帕瓜居民對於祕勤局探員保護這棟房子可能會印象深刻，但其實祕勤局的安全網並沒有包覆整個房子。你如果從正面看這棟房子，就曉得有心人可以從鄰居的房子闖進去。當然這樣會觸動警鈴，可是卻可以比探員早衝進房子。任何時候，它都有六名探員守衛，外加紐約分局兩人支援。但是這棟房子只在重要位置安裝了兩具監視攝影機。

祕勤局總局有一套電腦系統與各情報機構有關威脅情資的機密資料庫相連，但這套系統不僅資料有限，技術也很落伍。探員們說，他們若要知道海外威脅的資訊，勤看有線電視新聞網、福斯新聞網或微軟國家廣播新聞網（MSNBC），還比他們自己情報處同仁提供的資料來得有用。

一直到最近，祕勤局在手機上面仍然十分節省，只提供探員老舊的大型手機，以及摩托羅拉呼叫器——可是它在白宮附近沒有用。不過，近來他們已換上黑莓機。另外，祕勤局連結到探員耳機的無線電通訊，碰到磚牆竟然經常無法傳訊。

有位探員帶我參觀羅雷訓練中心時，舉了一個例子誇讚這裡頗有創新改進。他說，訓練中心新近購置了一套「開不開槍」電腦程式，可以針對受訓探員決定開槍是否正確，自動加以評分。可是，早在二〇〇二年我為了撰寫另一本書《聯邦調查局祕史》（*The Bureau: The Secret History of the FBI*），到聯邦調查局位於維吉尼亞州匡提科訓練中心參訪時，就親自操作過這套程式了。

祕勤局一方面在保護人身安全所需的器材方面斤斤計較、捨不得花錢，另一方面卻浪費探員的時間精力，要他們用一九七〇年代的軟體去做無謂的記錄工作。每兩個星期，探員必須交一份報告，記載每天的工作時數。然後管出勤的文書人員再把這些資料重新輸入到薪資系統。到了月底，探員又必須人工計算他在每個特定保護對象那裡，有多少小時正常上班、多少小時加班，還有他們出差在外的時數又有多少。然後他們再把這些資料輸入一套古董級的電腦程式。

祕勤局雖然設置「內部監察官」（ombudsman），有問題可以向他申報，探員們卻譏笑這個職位是個笑話。隨扈隊的一位探員說：「內部監察官跟你要申訴抱怨的對象是哥兒們，或受訓時是同梯的，他們全是同一掛的。」

由於連串的不足，加上撙節經費、便宜行事，有位現職探員說：「我個人認為我們是在得過且過，混一天是一天。我真的認為發生行刺案只是早晚的問題。」

25. 綠松石和閃耀

談到保護小布希和蘿拉的雙胞胎寶貝女兒珍娜和芭芭拉，祕勤局就一個頭兩個大。蘿拉的朋友安妮．史蒂華（Anne Stewart）說，布希當年競選連任德州州長成功，「就職晚會後的第二天上午，他們請了一些至親好友一起用早餐。喬治坐在一張椅子上，一副快要跌下來的樣子。他兩眼睜不開！」

布希講了一段話。他說：「感謝上帝，有人發明了咖啡因，因為我今天早上太需要咖啡因了。我對創造出『宵禁』這個字的人，也要表示敬意。很不幸的是，我們家女兒不曉得『宵禁』是什麼意思。」

安妮問蘿拉到底怎麼啦？

蘿拉說：「晚會後，兩個女娃就不見了。半夜兩點半，我聽見他焦急地打電話，找遍她們的朋友，試圖找出她們跑到哪裡去了！最後，他找到了一位寶貝女兒。他說：『我不管這是不是我的就職晚會。妳們給我立刻回家。』」

安妮說：「她們出去和朋友廝混，玩瘋了。她們心想：『老爸不會介意，他就任州長了嘛！』」

蘿拉體認到老公參選總統，一定會妨礙到全家的生活。她表示，她「起先相當不願意」老公參選。她又說：「我曉得，要看到親愛的人遭到各方抨擊批評，一定很難忍受。」蘿拉曉得老公參選總統，一旦當選的話，全家人要放棄的生活隱私會比布希只是德州州長時犧牲更大。想要散步走走，或到藥房買東西，都需要嚴密的維安警戒。

雙胞胎也都反對，尤其是珍娜。她們希望過平常的青少年日子。想到因為住在白宮就與眾不同，被同儕視為異類，她們就渾身不自在。

布希當選總統後，代號「綠松石」（Turquoise）的芭芭拉進耶魯大學，代號「閃耀」（Twinkle）的珍娜進德州大學；兩人學業成績都不錯。但是，二〇〇一年五月二十九日，德州奧斯汀市警局員警柯瑞布（Clay Crabb）因為丘氏餐廳經理蜜雅．勞倫斯（Mia Lawrence）於晚上十點三十四分報警，奉派前往處理。柯瑞布後來填寫的報告指出，當他抵達巴登泉路這家餐廳時，蜜雅告訴他，她舉報的對象是身穿粉色運動上衣、背對牆，坐在酒吧區的一個金髮女郎。

柯瑞布寫說，當他和另一名員警「預備進去和蜜雅所指的女孩談話時，有位自稱祕勤局探員的男子拍拍我的肩膀」。此時，兩名員警才曉得涉嫌違法者是珍娜·布希。他們向探員解釋，據報她用假證件買酒，因此才來調查。

祕勤局探員並沒有干預。祕勤局組長波頓（Michael Bolton）告訴珍娜和也在場的芭芭拉，警察來了。他又告訴員警，她們預備走了。兩天後，奧斯汀警局對兩位總統千金開了C級行為不檢罰單。珍娜被控未成年人謊報年齡買酒，芭芭拉則是依未成年人持有烈酒裁罰。

事情始於一名女服務生對珍娜出示的駕駛執照起疑。她把執照交給蜜雅過目，蜜雅注意到名字不符、照片也不像。蜜雅告訴珍娜，不能賣酒給她。

根據警方報告記載，珍娜說：「那就算了。」

女服務生顯然認為芭芭拉年紀比珍娜大，給她和另外兩名朋友送上三杯瑪格莉特和三杯龍舌蘭。調酒師一再注意珍娜有沒有喝酒。後來有一名顧客指出，芭芭拉年紀和珍娜一樣，蜜雅就報警處理。警員到達時，龍舌蘭已經喝光，每杯瑪格莉特至少都已喝了一些。警員羅傑斯（Clifford Rogers）要求珍娜出示她先前用的證件，她一交出來就哭了。

羅傑斯的報告說：「她開始傾訴我根本不知道她的感受，身為大學生，看著別的同學能做的事而她卻不能做，有多麼難過。」

另一名警員問經理蜜雅，她希望警方怎麼處理？蜜雅說：「我要她們出個大紕漏。」

警察局長史丹・倪（Stan Knee）告訴《奧斯汀美國政治家報》（*Austin American- Stateman*），這件事的不尋常之處不是警方如何處理，而是警方竟被找去處理。

他說：「大部分的餐廳會自己處理這種事。我們一旦接到民眾報案，就有責任在報告上交代得清清楚楚。」

芭芭拉是初犯。但是，兩個星期前的五月十六日，珍娜才對她在奧斯汀市第六街的「暢飲酒吧」持有烈酒，放棄抗告。針對新的指控，珍娜在七月六日對謊報年齡亦未做抗告。法官裁定，吊扣她的駕照一個月，並且兩罪併罰六百美元罰鍰。另外，還裁處緩刑三個月、社區服務三十六小時，必須接受喝酒法規講習。芭芭拉也不提抗告，被判緩刑三個月、接受喝酒法規講習。

丘氏餐廳老闆麥克・楊格和約翰・札普事後表示道歉。楊格承認：「通常我們不會這樣處理的。」

兩位總統千金在大學裡日益成熟，可是即使隨扈身穿便服、一般人也沒有察覺他們的存在，她們倆仍然討厭祕勤局探員跟在身邊。珍娜特別難纏。她有時候會故意闖紅燈，或不說要去哪裡就上車揚長而去，試圖甩開隨扈。因此，祕勤局只好加派人手盯住她的汽車，以便掌握她的去向——的確浪費人力。

有個探員說：「有一個星期五我奉派到她的隨扈組值勤。大約下午三點半，她打扮得漂漂亮亮出門、上車。我們開車在後跟隨。她在四點十五分左右開到一家酒吧。」

這家酒吧位於華府F街六〇一號威瑞森中心（Verizon Center）對面，原來滾石樂團當天晚上要在該中心演唱。珍娜和一夥朋友要在中心的某個私人包廂歡聚。這樣的公共場合需要做特別的維安安排，動用人力上百人。但是，這個探員說，珍娜一直沒告訴他們她有這個行程。

這位探員說：「這下子我們忙壞了。我們必須從華府分局緊急調人支援，也設法派人入駐威瑞森中心。不論她的東道主是誰，此人顯然發了電郵昭告各路親朋好友，珍娜．布希會來。我們卻不知情。我們從華府分局抽調人手時，還告訴大家：『穿著要符合滾石樂團演唱會。』」

祕勤局要求威瑞森中心管理處協助。

這位探員說：「身為祕勤局探員的好處就是，你可以隨便走到哪個地方，亮出識別證，然後說：『老兄，我們因為什麼什麼，敬請協助。』所以我們就說：『老兄，我是祕勤局，遇到小麻煩了。我不能告訴你誰要來，但是今天晚上有個重要人物要來這兒。我們需要你幫幫忙。』果然，威瑞森中心管理處當天全力配合。」

由於中心是私人產業，有自己的保全人員，探員因身上攜帶武器，必須先取得允許才能進場。中心當天還提供一個房間當做指揮所。

另一位探員說，珍娜「根本就不喜歡隨扈跟著。她那一組的組長很怕她，因為她會打電話向老爸告狀」。

這位探員說，事實上，珍娜也曾經多次打電話找老爸，要求隨扈不要跟她。「總統會打給我們上司，上司再打電話給隨扈隊長，隨扈隊長又找我們組長，指示說：『嘿，你們不要盯得那麼緊。』」

一位探員說：「我們要怎麼執行任務？我的意思是，如果她出了事，誰負責？我認為她很難理解要把她抓進一輛箱型車，是多麼容易的事情。接下來她可能就出現在半島電視（Al Jazeera）了。我們跟著她，就是試圖防患未然。我想她不瞭解這一點。她的確不尊重我們保護她的苦心。」

有時候布希責備隨扈沒跟好他的女兒。有一天下午，珍娜躲過她的隨扈，從通往玫瑰花園的一道後門溜出白宮。偏偏就被老爸看到她溜走。他打電話給隨扈隊長，抱怨沒人跟著她。一名探員說：「她跳出來說：『爹地，是我沒告訴他們我要到哪裡去。』」

有一名反攻擊小組探員曾經陪珍娜到中南美洲。他說：「由於狗仔隊緊迫盯人，她在阿根廷可真是難受極了，不管走到哪裡，到處都是攝影機，害得她哪裡也去不成。通常她會抱怨（祕勤局探員跟著她）。她坐在車裡會往後看，試圖找出反攻擊小組在哪裡。她會說：『嘿！這些傢伙跟得太近了。』接下來你的手機就響了，隨扈組長的聲音從電話另一頭傳來：『嘿，你們可不可以稍微退後一點？她看見你們啦！』」

有一名組長卻與珍娜處得不錯，可以給她指令，而且她還會聽他的話。「他可以打電話給她，質問：『珍娜，究竟怎麼回事啊？』他們兩人交情匪淺。他很專業，曉得如何和她打交道。他會告訴她說：『珍娜啊，妳會害死我耶。妳必須告訴我詳情。』她也十分尊重他。太棒了。」

可是另一名探員說：「每天我們都有跟丟她的風險。她從來不告訴我們她要往哪裡去。很少會告訴我們。但偶爾她會告訴（隨扈組長）尼爾，尼爾一聽到，會努力追問更多內容。」

另一個探員說，芭芭拉其實跟珍娜一樣難侍候。

這位探員說：「她時常抓起電話就向老爸告狀，說我們跟得太近了。」

芭芭拉上耶魯大學時，經常和朋友開了車就往紐約跑，還要過夜；可是她從來不會事先向探員說。

有一個探員說：「大家都學乖了，要準備好行李包。因為芭芭拉和珍娜都有一個習慣，突如其來就說：『我要去機場，我要去紐約。』很多探員往往因而沒有換洗衣物就得跟著大小姐出遠門。」

珍娜的一名隨扈說：「不用打電話告狀，只要告訴我們你要做什麼，我們會配合。只要跟我們合作，別耍花樣，大家日子不就都好過了嗎？」

芭芭拉前往非洲，白宮對外宣布她是去協助罹患愛滋病的兒童。隨行的一名反攻擊小組探員說，雖然她在南非開普敦做了一些志願工作，「大部分時間她在玩。她到了幾所學校亮相，但我們成了非洲觀光團。當然是美國納稅人支付她的維安成本。你從來不知道她要往哪裡去，可是她又一直打電話抱怨、告狀。」

二〇〇五年萬聖節在華府參加派對時，珍娜的男朋友、現在的丈夫亨利．海格（Henry Hager）喝得酩酊大醉，最後要勞動祕勤局送他到喬治城大學附設醫院。

她的一名隨扈回想說：「那是萬聖節派對之後，他們全都化了妝，穿著奇裝異服。她說：『亨利，我們必須讓你先換掉這身衣服。到醫院之前，我們看起來要體面一點。』這時候我心裡想：大小姐啊，妳總算長大了，曉得上醫院要體面一點，不能像個穿著萬聖節服裝的邋遢醉鬼。」

還有一次，海格帶珍娜在喬治城一家酒吧喝醉了，要跟其他幾個客人幹架。探員們必須干預，阻止這場拳賽。

一名探員說：「他已經逐漸失去控制，開始要跟人單挑。探員們把他拉到一邊訓斥：『你還記得你是跟總統的千金在一起嗎？你知道因為你這麼搞，會使她和我們陷入什麼情境嗎？』」

珍娜的一名隨扈是這麼說她：「她和朋友攪和在一起就會失控。她愛參加派對，抽菸、喝酒樣樣都來，挺討人厭的。我不敢相信她白天還是個學校老師呢！」

珍娜先後在華府和巴爾的摩窮人區的小學任教。芭芭拉一直保持協助愛滋病患者的興趣。多年下來，這對雙胞胎越來越成熟，會感謝隨扈們的辛勞。

一名探員說：「七月四日國慶日左右，珍娜送了一大箱牛排到指揮所。聖誕節時，她也送我們牛排、熱狗等等。身為總統的子女，真不容易。」

問到芭芭拉、珍娜和海格對這些說法有何評論時，蘿拉的新聞祕書莎莉・馬多納（Sally McDonough）說：「我正式要求你，別把這些無稽的事放進你的書中。」

和珍娜、芭芭拉一樣，福特總統的女兒蘇珊也試圖躲開她的祕勤局隨扈。不過，當她父親剛成為總統時，代號「熊貓」（Panda）的蘇珊才十八歲，曾因追求祕勤局探員而出名。在她父親卸任、定居加州後，她嫁給他的隨扈范斯（Charles Vance）；但是兩人後來離異，她又改嫁。

熟悉雀兒喜・柯林頓（Chelsea Clinton）和布希兩千金隨扈隊的一名探員說：「在我的工作經歷中，雀兒喜最棒。待探員和氣，事情交代得清清楚楚，從來不給人添麻煩。」

在探員的記憶中，最驕縱的總統子女當推艾蜜・卡特（Amy Carter）。她父親就任總統時，她才九歲。

空軍一號專機服務生衛爾斯（Brad Wells）說：「艾蜜・卡特最欠扁。她會瞪著我，拿起一盒蘇打餅乾，把它們弄碎後往地上一丟。她故意這麼做，我們就得去弄乾淨。」

保護代號「發電機」（Dynamo）的艾蜜之探員，經常十分為難，因為艾蜜放學後不肯回白宮做功課，要留在學校和同學玩。當時派任她隨扈的探員杭敏斯基說，探員一催她回家，「艾蜜就打電話給爸爸，再把電話遞給探員。總統會說，艾蜜要到哪裡都行。艾蜜把她老爸吃得死死的。」

由於艾蜜經常到一個朋友家逗留到很晚，探員們無法直接接她下課、送回白宮，只好加班。杭敏斯基說：「隨扈只好找第一夫人，因為她會說：『別管了，把她帶回家，她得做功課。』」

祕勤局保護過的總統子女當中，卡特的二兒子詹姆斯・厄爾・卡特三世（綽號「齊普」）最囂張。他二十六歲時，父親當選總統。齊普曾經在一九七六年幫父親助選，卡特在一九八〇年爭取連任時，他也代表父親到處講話致詞。

一名祕勤局探員說：「他太不像話了。齊普完全失控。大麻、喝酒、泡妞，樣樣都來。」當年齊普已和太太分居，他「在喬治城把妹，會問：要不要和他到白宮炒飯呀？這些妞，哪個不答應？他也真的盡可能把女孩帶回白宮過夜！」

羅薩琳・卡特曾經告訴新聞媒體，她的三個兒子都曾「試驗」過大麻。她的大兒子約翰・威廉・卡特即因哈草而被海軍除役。

卡特告訴祕勤局，羅薩琳反對探員和制服處員警攜槍在白宮走動。根據卡特的說法，羅薩琳表示，槍枝使艾蜜「不舒服」。祕勤局解釋說，萬一發生攻擊，探員若身無寸鐵，形同廢物，又怎麼保護總統及家屬的性命？卡特才不再堅持。

26.
釣客

祕勤局替保護對象選擇代號時，是從一個字詞表中隨機挑選，每個家庭成員的開頭字母都一樣。以前因為祕勤局的無線電傳輸未能加密，有必要替保護對象取代號。現在，無線電傳輸已經加密，祕勤局仍繼續使用代號，是為了避免探員在念保護對象姓名時出現混淆。此外，採用代號也可以防止外人無意中聽到探員談話的內容。

代號名單由白宮通訊處製作，排除掉有冒犯意味的字詞，或容易和其他字詞搞混的字詞。可是，保護對象可能不喜歡某個代號，而提議另一個代號。譬如，錢尼副總統的太太琳恩（Lynne Cheney）是位多產作家，要求祕勤局給她的代號改為「作家」（Author）。錢尼喜愛釣魚，因此代號為「釣客」（Angler）。

小布希不喜歡原先建議的代號「平底玻璃杯」（Tumbler），或許是怕勾起年少輕狂、貪嗜杯中物的記憶。他自己挑選了「領路人」做代號。布希的幕僚長波騰（Josh Bolten）則因為有一輛銀黑色哈雷機車，遂以其車款「胖男孩」（Fat Boy）為代號，但濃縮為一個字Fatboy。在他之前擔任白宮幕僚長的卡德，不喜歡祕勤局替他挑的代號「波多馬各」（Potomac），自取「愛國者」（Patriot）為代號。

波騰告訴我說：「我的祕勤局隨扈喜歡我的代號——甚至女性探員也把自己的代號取為胖女孩呢！」

柯林頓擔任總統期間，新聞界聲稱他弟弟羅傑・柯林頓（Roger Clinton）代號「頭痛」（Headache），因為他取代了卡特的弟弟比利，成為第一家庭中的敗類。其實，羅傑不是祕勤局的保護對象，哪來的代號？

除了依法享有祕勤局保護的人士之外，總統可以簽署行政命令，把保護擴及到其他人。因此，布希簽署了行政命令，下令祕勤局保護錢尼的兩個女兒和他的六個外孫兒女。

錢尼除了副總統官邸之外，還在老家懷俄明州傑克森洞（Jackson Hole），以及馬里蘭州的東岸市（Eastern Shore）有房子。錢尼夫婦在東岸市置產後，幾乎每個週末都坐陸戰隊直昇機去住。祕勤局在這幾個住所都安裝保全系統和監視攝影機。錢尼在卸任之前，又就近在鄰近華府的馬里蘭州麥克連市（McLean）買了一棟房子。

在錢尼這個個案上，當布希下令把保護擴及到他的女兒和外孫時，並沒有增添祕勤局人手。因此，祕勤局要求他原有的隨扈加班，讓他們領加班費，又從別的分局借調人馬，這一來他們幾乎沒有時間接受在職訓練、體能訓練和槍械練習。

副總統的一名隨扈說：「祕勤局高層沒有說：『好，我們樂於從命，保護他的兒孫，但是讓我們做對的事，請多給我一些人手，我們才能照料好這些新增的任務。』他們反而向總統說：『報告長官，沒有問題。我們會好好辦事。』我們並沒有增添一兵一卒。」

另一名隨扈說：「結果是你一天十二個小時守著街尾。這也是為什麼你得不到訓練。因為你勤務太多了嘛！因為你想討好你的保護對象，你面臨多重陣線作戰。等到你一回頭，發現你替他服務，他卻還不領情。這使得探員們油然產生失望、無助之感；很多人因為這樣就離職了。」

錢尼的二女兒瑪莉——代號「阿爾卑斯山」（Alpine）——生產之前，祕勤局只對她姊姊伊莉莎白提供完整保護，因為她已有子女。瑪莉只得到部分保護，也就是有探員開車送她上下班。可是瑪莉似乎很吃醋。

一名探員說：「因為我們徹夜守在她姊姊家外頭，她就說：『我也要！』」

瑪莉也嫌祕勤局派給她的車子不夠好。

擔任她隨扈的一名探員說：「她看見姊姊有一輛全新的雪弗蘭休旅車，就嫌她的是舊車。她的心態就是，為什麼我不能有新車？過了幾天，她家門口就出現一輛嶄新的雪弗蘭休旅車。」

當她的休旅車因為損壞而送修，祕勤局就用舊車送她進出。

一名探員說：「她一看見交通工具又變成舊車了，便立刻發作，打電話給上級要求立刻把她的休旅車給找回來，好像修車都不需要時間似的。」

瑪莉反對探員在她家後院站哨，說會吵到她家的狗。她的一名隨扈說：「我連她家後院長啥樣都不知道，因為她堅持為了狗的清靜，不許我們走過去。她的狗一叫，如果是因為我們走過去所引起，她就大為光火。因此我們只好在後院裝設攝影機。我們的手等於被綁住。這是一份吃力不討好的工作，可是就有這種保護對象規定你要如何做好你的工作。」

瑪莉要求祕勤局接送她的朋友到餐廳，隨扈組長拒絕。她於是動用力量把他調走。

被要求做回應時，瑪莉說：「這些故事完全子虛烏有，我對祕勤局男女探員只有最崇高的敬意。我非常感謝他們在過去八年為維護我家人的安全所做的貢獻。」

保護對象經常把祕勤局探員當做私人僕役差遣，要他們跑腿辦事。穆斯基（Edmund Muskie）當年競選總統時，要求祕勤局探員替他扛高爾夫球袋。

有一位資深探員說：「他到肯尼邦克波特度假時，每天都要下場打十八洞。他會耍詐施騙，用腳把球踢進洞。（穆斯基要求，但）有位探員不肯替他拎高爾夫球袋。這樣會降低我們的效率。」

但是和琳恩・錢尼這樣的優雅女士在一起，探員們就很樂意幫她。她的一個隨扈說：「她常血拚，一出來後滿手各式各樣提袋，但是我從來沒聽過她要我們幫忙。或許是因為她沒要求，我們反而主動幫忙。」

和布希夫婦一樣，錢尼夫婦一向也很準時，很受祕勤局敬愛。他們會邀探員及眷屬參加他家每年舉辦的聖誕派對，一起合照。

副總統的一名隨扈說：「我記得我家恐怕已是當天下午第一百六十個合照的人，但是當我們家小孩走上去時，錢尼夫人仍然精神抖擻，待我們有如當天第一個合照的家庭。她蹲下來，伸出雙手，抱我小女兒，真的很令人感動。」

探員們對布希的幕僚和內閣團隊大部分人員，也都很有好感。

一名探員說：「卡爾・羅夫（Karl Rove）很喜歡反攻擊小組，會過來和我們聊聊。他和我們合照。每次看到我們守在反攻擊小組的卡車中，就會過來打聲招呼。永遠面帶笑容，一向說說笑笑，真正的好人。」

另一名探員說：「卡爾・羅夫在局裡同仁心目中聲望極高，肯照顧大家。安迪・卡德也一樣。」

大體而言，探員們認為小布希政府比起多數其他政府更加友善、更感謝探員們的辛勤。

但是也有兩個例外，一個是財政部部長史諾（John Snow），另一個是國土安全部部長里奇（Tom Ridge）。探員們認為里奇是他們生平所見最愛貪便宜的保護對象。一到週末，他要回位於賓夕凡尼亞州伊利市（Erie）的老家。為了省下自費付機票錢，他要探員開車載送他——單向車程六個多小時。

他的一名隨扈探員說：「這個傢伙要隨扈每隔一週、甚至每個週末都開車送他回賓夕凡尼亞州伊利市老家，因為他想省下買機票的錢。如果他聽說哪裡有免費餐食，他一定會到。他在局裡面的名氣就是天字第一號小氣鬼。」

里奇住旅館也捨不得花錢買報紙，會要求探員把他們的報紙借給他看。

一名探員說：「如果餐館老闆說：『嘿！部長先生，今天這頓我請客。』第二天晚上里奇準會再度光臨，看看能不能再撈到一頓免費招待。」

探員們喜歡史諾，因為他愛和大夥兒聊天說笑。

一名探員說：「史諾是個非常酷的保護對象，他喊得出每個隨扈的名字。他坐在轎車後座，但是會和你交談打屁，大家像哥兒們一樣。」

但是，曾經貴為CSX公司董事長兼執行長的史諾，在他和太太居住的里奇蒙市（Richmond）暗中有個情婦。（譯按：CSX公司是美國著名的鐵路、航運、輸油管和地產公司。）雖然史諾在華府先租後買了一戶公寓，他幾乎每個週末都回老家，花了納稅人大筆銀子，因為祕勤局探員必須開車送他（兩小時車程），再投宿旅館。

祕勤局探員私底下給他這位情婦一個代號「五十一區」（Area 51），也就是美國空軍一個極機密的測試基地，這地方導致許多陰謀理論產生。

史諾現任瑟伯拉斯資本管理公司（Cerberus Capital Management）董事長，該公司擁有克萊斯勒汽車公司八成以上的股權。他透過曾任維吉尼亞州檢察長、二十五年老朋友的里奇蒙市律師柯連（Richard Cullen）發表聲明說：「史諾沒有婚外情……做出此一指控又不肯透露姓名的探員，錯得相當離譜。」

但是，史諾的前任隨扈們卻有不同的說法。他的一名隨扈探員說，史諾「相當混，使得隊上同仁相當不安，因為我們曉得自己出差的目的竟是為了他要和情婦幽會」。

有一名探員記得，當這個女人的丈夫星期天上午到教堂去時，「部長（史諾）會說：『喔，我必須送本書到他們家去。』」有時候又藉口說，他在里奇蒙報紙上看到一篇文章，希望交給他們也看一看。

一名現任探員說：「我們實在很惱火，因為我們每個週末都得到里奇蒙，而平常他又四處奔走，推動社會安全改革。因此我們整個星期都在外頭出差，根本回不了家。令我們最惱火的是，我們會在里奇蒙的唯一原因是部長在這兒亂搞。」

一天上午，有個探員走過史諾在里奇蒙家的前窗，瞥見史諾和情婦親嘴。史諾當時在華府希爾頓飯店——探員口中的辛克萊希爾頓——附近租了一戶公寓。她也會飛到華府和史諾幽會。

這位前任探員說：「她喊得出我們大家的名字。她有時候不知怎的就冒出來，也不避諱，會和我們打個招呼。」

另一個探員說：「他真的以為可以把我們騙過去。她會出現在紐約某旅館，他就裝蒜說：『喲！這麼巧在這兒碰上了呀！』」

早先，史諾剛在二〇〇三年二月出任財政部長時，他會在星期六帶著祕勤局隨扈到里奇蒙，星期天就回華府。

他的一名隨扈說：「不久，他就發現他可以在星期五提早下班，星期天晚上才回華府。又過了一會兒，他發現可以在星期五一早就回到里奇蒙，星期一上午才趕回華府。這一來，星期五、星期六、星期天、星期一，都在里奇蒙」。

史諾在二〇〇六年六月辭職。有位探員記得，這時候「他已是星期四出城、星期一回來。因此一週有五天在里奇蒙。而且他是每個星期都回里奇蒙喔。」

一位探員說：「我想他喜歡里奇蒙是有道理的。他在河畔有一棟漂亮的房子，游泳池又大又棒。但是，你帶著六、七個隨扈，每個星期有四、五天在里奇蒙，未免太超過。你把數字加一加，很快就兵疲馬乏，誰也受不了。」

史諾的太太很少到華府來，似乎也不怎麼喜歡探員們。

當史諾回到里奇蒙時，她期待探員每天會替她把信件和報紙送進屋裡。這些信件沒被檢查過，探員也不該跑腿辦雜事。固然有些探員會幫忙，但大部分是不幹的。

有一個星期天，史諾太太披著睡袍走出來，問一個探員：「你為什麼沒把報紙送進來？」

他回答說：「我的職責不是替妳送報紙；妳自己可以拿報紙。」

這位前任探員說：「這下子大家就撕破臉了。我在那兒是保護部長的安全——如果可能，也會保護她——但我肯定不是她的送報生。」

有位探員說：「我早就見怪不怪了。但是，很顯然她（史諾太太）一點兒也沒起疑心。（外遇）發生在我們保護的全部時期內，而且很顯然在那之前他已經和她（情婦）搞在一起。只不過有我們在，他更容易瞞著她（太太）罷了。」

這位探員說，有一次事情差點穿幫。某個星期天，史諾又去見情婦時，她丈夫竟然提早從教堂回家。

探員說：「我們一位同僚看見了。他跑出汽車，盡可能製造聲響。」他大聲喊這位丈夫的名字，還說：「嘿！很高興見到你啊！」他又用力關上車門。在這個丈夫踏進家門之際，史諾走了出來——頭髮有點亂。

令探員們氣憤的是，史諾把他們當做呆子，以為可以瞞盡天下人。有一次史諾說他要去散步。

「他上了車，我們出發了。他指揮說：『走這條路。』那是一條死巷，盡頭是博物館。我們轉了進去，那位情婦就站在那裡，汽車引擎蓋掀起來。」

史諾說：「噢，這麼巧啊！究竟怎麼啦？」

她聲稱車子拋錨，需要替電瓶充電。明知其中有詐，一位探員建議她先發動車子看看。史諾堅稱這樣行不通，既然電瓶沒電，就得拿電纜來充電。電纜一接，車子立刻就起動了。

史諾說：「我們最好跟著她回家，以防半途車子又拋錨。」

一名探員說：「於是我們就護送她回家。他在她家逗留了一至一個半小時。」

另一名探員說：「他以為我們都是傻瓜啊！這才真叫許多人氣絕。」

史諾的律師柯連否認史諾和「五十一區」劈腿，要作者不妨向史諾前半段任期的隨扈組長葛林威（Tom Greenway）查證。葛林威說，這位女士不是史諾的二奶。

葛林威說：「我天天和他相處十五個小時，有時候一個月有二十五天在一起。」

葛林威擔任隨扈組長期間，和史諾變成高爾夫球友。在祕勤局的內規上，這是不允許的，因為私交甚篤可能會使探員公私不分，甚至會試圖影響保護對象的決策。

在答覆問題時，葛林威承認他和局裡在某件事上面意見不同，祕勤局試圖給予他「懲罰性」調職。他也承認史諾找祕勤局局長關說，把人事調動案壓了好幾個月，直到二〇〇四年大選結束後，葛林威才申請退休。

柯連說，史諾及其家人都沒有「不當地差遣派給他的祕勤局隨扈。祕勤局被要求要保護財政部長。保護任務是強制規定，不是裁量決定。它也不是因特定活動或旅行有威脅之虞，才派出祕勤局保護。」

柯連說，史諾認為祕勤局探員「專業、勇敢、極為辛勞」。史諾「很驚訝、很遺憾，某個前任祕勤局探員會是某本書的資訊來源——特別是這是匿名又錯誤的訊息。他相信祕勤局的榮譽和歷史傳統夷然無損，他也會永遠記得隨扈們的英勇。」

他的律師表示，因此史諾「很驚訝你會在書中暗示他要求隨扈違背其職責」。

史諾的律師說的沒錯，財政部長和其他可繼位總統之官員，在國土安全部部長批准下，應得到祕勤局的保護。但是他說，本書暗示史諾要求隨扈違背職責，卻是錯了。

如果一位接受保護的官員決定每個星期離開華府，去看他情婦、他太太，或甚至是看電影，祕勤局依規定必須提供保護。問題的重點是：接受保護的人知道買單的是納稅人的錢，他是否還應該去？

27.
反叛者

祕勤局在二〇〇七年五月三日，即選民票選總統的十八個月之前，就開始保護歐巴馬。這是祕勤局有史以來最早對總統候選人提供保護的事例。以二〇〇四年的選舉而言，凱瑞和愛德華茲於是年二月開始受到保護，離大選之日還有八個多月。歐巴馬的太太蜜雪兒自二〇〇八年二月二日起開始受到保護。二〇〇八年大選乃是美國史上最漫長、最艱辛的一場總統選戰。

飽受探員短缺、離職率攀高之苦的祕勤局，於二〇〇五年一月就為二〇〇八年大選的維安作業展開規劃。當年二月，祕勤局向全局三千四百零四名探員調查他們喜愛那一類型的候選人保護作業。譬如，探員們可選擇擔任貼身隨扈、後勤作業或交通運輸類的工作。探員們回到羅雷訓練中心接受特別訓練，以便將來分派到各個候選人隨扈隊的成員培養合作默契。

負責替候選人開車的探員也要集訓。這場選戰的維安工作還需要動用一千二百名制服處員警的支援。

依據法律，祕勤局有責任保護主要的總統、副總統候選人及他們的配偶。國土安全部部長和諮詢委員會研商後，決定誰是主要候選人。而這個諮詢委員會共有五位成員，分別是眾院議長和少數黨領袖；參院多數黨領袖和少數黨領袖；第五名成員則由上述四人協商推舉。

國土安全部部長亦決定保護由什麼時候開始。除非國土安全部或總統的行政命令決定提前，候選人配偶的保護始於大選日的前一百二十天。為了保護一名總統候選人，除了探員們原有的薪水之外，祕勤局每天另列三萬八千美元的額外經費，用以支付探員和先遣人員的交通差旅費、租車、膳食和加班費等。

根據公共紀錄，祕勤局一度計算出來有十五名可能的總統候選人。最後有三名總統候選人受到保護。希拉蕊・柯林頓因具備卸任總統配偶身分，原本已在祕勤局維安保護之列。

雖然歐巴馬在他的保護開始之前從未受到明確的威脅，祕勤局的網路威脅組（Internet Threat Desk）探員倒是查到一些含糊的威脅和評論，大部分指向他是個非洲裔美國人。這些評論大多出現在主張白種人優越論的網站，並說歐巴馬若是當選將被暗殺。即使在歐巴馬決定參選之前，他太太蜜雪兒已經向他表示關切，因為他是黑人，競選總統恐有身家危險。

負責要人保護處的副處長休斯（Steven Hughes）說，後來，「我們真正決定保護他，是因為他提出申請，經過完整的審核程序後，才做出決定；並不是祕勤局自己發動。因為他提出申請，國土安全部部長和總統最後裁定他是夠格的候選人，本局才予以保護。」

休斯講話的時候，查看了一下黑莓機上的簡訊。維安情報及評估處報告說，有某個候選人接到威脅。

休斯說：「我一整天會不斷接到這類報告，網路上有人說了些什麼、哪個醉漢又說了些什麼，統統即時更新。不論是非常細微還是十分嚴重，統統傳來給我，這樣我就不能推說我不知道了。」

被問到他還有時間睡覺嗎？休斯答說：「聯合國大會下個星期就要召開了，我們的保護對象多到不可想像。是啊，我們現在不會有時間睡覺了。」

二〇〇八年八月之前，祕勤局在邁阿密逮捕蓋賽爾（Raymond H. Geisel），因為他在一個訓練保釋金經辦人的班上揚言不利歐巴馬。班上有兩人聽到蓋賽爾說：「如果他當選了，我會親自動手暗殺他。」被捕的時候，祕勤局從蓋賽爾旅館房間搜出一把裝了子彈的九釐米手槍、數把利刃、數十發子彈、護身鐵甲、一把大刀和軍用雜役服。他遭到威脅總統候選人罪名起訴。

在丹佛，有一群男子有槍、有防彈背心，對歐巴馬做了種族主義的批評，高談闊論八月間他在民主黨全國代表大會發表接受提名演說時，要如何如何幹掉他。他們已經吸了毒，胡言亂語，無法執行此一陰謀。

大會召開前四天，其中一名男子在丹佛郊外的阿洛拉市（Aurora）因酒醉駕車被警察攔下來；因為警察發現他租來的道奇卡車搖搖晃晃。警察從他車上找到兩枝強力長槍、一具滅音器、一件防彈背心、迷彩衣和三個假證件。卡車上的製毒設備充分到可以說是活動製毒工廠。祕勤局對外並未張揚這個案子，該名男子則遭到當地司法機關以非法持有槍械武器罪名提起公訴。

整個選戰過程，白人種族優越論者在網路上的討論日益增加。二〇〇八年十一月四日歐巴馬發表勝選演說時，三K黨領袖大衛．杜克（David Duke）也號召白人種族優越論者團結行動，宣稱歐巴馬的當選代表的是「悲劇、哀痛的一夜」。杜克透過一個激進網站播放語音談話，他說：「歐巴馬有敵對白人的長久歷史。」他又說：「我們身為歐洲裔美國人，必須團結求生存。」

投票日之前，田納西州有兩個光頭黨被控計劃要穿戴白色高頂帽和白色禮服，在全國對黑人展開斬首行動，並且要暗殺歐巴馬。上述兩個個案，祕勤局都認為這些人沒有能力執行他們的陰謀。

投票日次日，一個很受歡迎的白人種族優越論網站湧入兩千多名新會員。網站上出現一篇貼文，它說：「我要那狗娘養的躺在棺木裡看看彌賽亞是如何休息的。上帝已遺棄我們，這個國家末日已到。」

歐巴馬就職之前五天，祕勤局在密西西比州布洛克哈文（Brookhaven）逮捕了克里斯多佛（Steven J. Christopher），因為他涉嫌在網路上放話預備殺害歐巴馬。他在網路上的文字專談政府陰謀和一些不可思議的現象，還有一些種族歧視和反猶太人的言論。克里斯多佛在一則貼文上寫著：「是的，我已經決定要暗殺歐巴馬。這不是私人恩怨。」他又說他沒有辦法到華府。根據司法部的文件，他說：「我沒有槍，或許什麼人可以給我一把槍。」

媒體報導說，共和黨兩項集會中有人高喊「殺了他！」（指歐巴馬），但是在現場的祕勤局探員和事後重播錄影帶，都說沒有這樣的說法。祕勤局認定，裴琳（Sarah Palin）州長在佛羅里達州清水市（Clearwater）的一場活動中，有個男子高喊「告訴他！」（Tell him!），而不是「殺了他！」（Kill him!）。

儘管種族主義者不斷叫罵，祕勤局在整個選戰過程中並沒發現有足堪相信的重大威脅。馬侃（John McCain）起初並未要求保護，也聲稱他不需要保護。二〇〇八年四月七日國會一項聽證會揭露他並未受到保護之後，馬侃的幕僚和國會議員們都敦促他接受祕勤局的保護。他也就從善如流，於四月二十七日起開始接受祕勤局的保護。

祕勤局和競選總部協調，事先曉得誰會是副總統提名搭檔，以及何時將公布人選。它選擇在公布之日的某個時點正式展開維安保護任務。

因此，裴琳和拜登（Joe Biden）分別在共和、民主兩黨大會被提名為副總統候選人時，他們和配偶就已經受到保護。裴琳代號「狄娜莉」（Denali），她丈夫陶德（Dodd）代號「鑽洞人」（Driller）。拜登代號「塞爾特人」（Celtic），他太太姬兒（Jill）代號「山羊」（Capric）。拜登夫婦的保護始於二〇〇八年八月二十三日，裴琳和夫婿則自二〇〇八年八月二十九日起納入保護對象。

保護開始之前，祕勤局局長馬克‧蘇禮文和他的團隊與每一位候選人會先見面。祕勤局歷年共有二十二任局長，蘇禮文和幾乎所有的前人一樣，都由基層出身、逐步晉升。他出生在麻薩諸塞州阿靈頓市，從新罕布夏州曼徹斯特的聖安瑟姆學院（Saint Anselm College）畢業，一九八三年加入祕勤局，派在底特律分局服務。

一九九六年蘇禮文升任保護作業處助理主管，後來調任偽幣查緝處副處長。二〇〇二年他出任副總統保護處副處長。然後在短暫擔任副局長之後，蘇禮文於二〇〇六年五月三十一日宣誓就任局長。

雖然蘇禮文和副局長的資歷背景刊載在祕勤局網頁上，不過它和聯邦調查局不同，並沒有公布其他官員的姓名。

當蘇禮文談到他在麻州阿靈頓長大、喜愛打曲棍球時，滿口波士頓腔。他的冰上曲棍球隊年年擊敗聯邦調查局代表隊，惹得聯邦調查局局長穆勒開玩笑說，蘇禮文因為是曲棍球高手才被雇用。

蘇禮文的辦公室座落在華府H街和第九街路口祕勤局總局的八樓。辦公室內的擺飾凸顯出他對體育運動的熱愛：有冰上曲棍球名將巴比奧爾（Bobby Orr）的簽名英姿照片，也有芬偉公園（Fenway Park）的空照圖，一些紅襪隊帽子、簽名的足球和棒球。

蘇禮文開始談到他的工作時，波士頓愛爾蘭人的腔調很快就不見了。他說，目前祕勤局手上有兩千兩百個案子在進行調查中。

蘇禮文指出，除了比起歷次總統大選更加提前起動之外，候選人出國旅行的次數也大為增加。歐巴馬在競選期間曾經以六天時間，跑遍約旦、以色列、德國、法國和英國。在此之前，他也到過阿富汗和伊拉克。馬侃則到過加拿大、哥倫比亞和墨西哥。

蘇禮文說：「我們在競選初期階段所見到的群眾類型，比以前在初期階段所見者多出許多。」雖然這次競選是有史以來最漫長的選戰，蘇禮文說：「我認為我們弟兄的表現非常非常棒。我很引以為榮。」

二〇〇八年夏天，除了原先編列的一億零六百七十萬美元預算之外，祕勤局又爭取到追加九百五十萬美元，以供保護候選人未預料到的費用。總計起來，祕勤局保護各候選人到過五千一百四十一次不同的造勢活動；超過兩百八十萬人接受祕勤局三千五百個金屬偵測器的安檢。

這還不包括有一百五十萬人在總統及其他保護對象出席的活動接受安檢，以及兩黨分別在丹佛市和聖保羅市召開全國代表大會的維安作業。祕勤局監督兩黨全代會的安全作業，並在會場之外設置通訊中心。這個中心協調來自七十個機構（如聯邦調查局、當地警局、當地醫院及公用事業）和百餘名代表的作業。每個中心都是二十四小時全天候值班，並且像體育場一般設置步步高的座席，方便出席者容易看清楚牆上的大型螢幕。

每個安全疑慮（小至車窗被敲破）都出現在螢幕上，處理狀況也要公布出來。共和黨全代會期間，聖保羅市警局和藍姆西郡警局總共逮捕了八百個抗議民眾。其中有三百人自稱是無政府主義者，大多數屬於一個號稱「共和黨全代會歡迎委員會」的組織。

祕勤局認為當地治安機關的做法可做為處理類似威脅的典範。十三個月之前，郡警局局長佛萊徹（Bob Fletcher）成立了一個情報小組，潛伏進入「歡迎委員會」。全代會即將召開之前幾天，郡警逮捕了這個組織的八個首腦，執行搜索令，查獲他們的計畫、地圖和武器。這個組織涉嫌計劃封鎖橋梁、向與會代表潑灑屎尿，也可能綁架出席代表。他們遭到陰謀引起暴動、製造恐怖行動的罪名起訴。

全代會在Xcel能源中心進行時，若干「粉紅代碼」（Code Pink）組織的抗議者以質疑提問的方式擾亂馬侃參議員和裴琳州長的演講。他們擠向主席臺時，會亮出他們的粉紅色絲帶。與會代表或新聞記者可能把來賓通行證送給他們，他們也可以透過別人向原本領到通行證的人取得。只要抗議者不威脅任何人，祕勤局認為事情應由大會保全人員處理。

一名探員說：「我們檢查進場的每個人。如果他們構成危險，我們就會處理。如果他們衝撞主席臺、如果他們試圖貼近保護對象、如果他們高喊某些威脅言詞，我們就會介入。但是，當天並不是如此。」

大會保全人員護送抗議者出場，共和黨全國委員會也沒對他們提出告訴。

休斯說：「他們只是表述他們依憲法第一修正案應享的權利，也被主辦單位請出場外，因此它不算是祕勤局的問題。」

探員們說，代號「反叛者」(Renegade)的歐巴馬以及代號「文藝復興」(Renaissance)的蜜雪兒，對他們都很尊重。拜登也是。

歐巴馬競選期間擔任他隨扈的一名探員說：「歐巴馬兩度邀請探員們到他家吃飯，其中一次是他接待親戚的派對。」蜜雪兒堅持探員們喊她的名字。

一名探員說：「蜜雪兒非常友善。」

歐巴馬很努力保持準時，通常也相當準時。如果歐巴馬遲到，蜜雪兒會責怪他太不體恤探員們。一名探員說，拜登「和探員們打成一片。他們夫婦會買吃的慰勞探員們，也喊得出每個人的名字」。

二〇〇八年四月四日，也就是歐巴馬的牧師萊特(Jeremiah A. Wright, Jr.)在全國記者俱樂部發表談話之前，歐巴馬前往萊特的家和萊特密談。為了避人耳目，祕勤局特別換了一輛車送歐巴馬去。他們的其他車輛停在一條街之外。歐巴馬和萊特交談一個小時後才告辭。

歐巴馬毫無疑問希望萊特退到幕後，但是萊特在全國記者俱樂部的談話只是在強調，他認為美國製造愛滋病病毒，要害死黑人。後來，歐巴馬和他斷絕了關係。

歐巴馬當選總統後，芭芭拉．華特絲（Barbara Walters）訪問他，問他是否擔心自己的安全。他說，他從來沒有想過這個問題。

他說：「一部分是因為我有這些相當了不起的祕勤局同仁，形影不離伴隨著我；也因為我有深刻的信仰，相信人性，它使我能一路走來。」

探員們說，歐巴馬一再聲稱他在戒菸，其實不然，他仍不斷地抽菸。就任總統一個星期之後，歐巴馬告訴有線電視新聞網（CNN）的安德生．古柏（Anderson Cooper）說，他在白宮四周沒抽菸。這保留了可能性，他抽菸是在杜魯門陽臺（Truman Balcony）或白宮官邸裡面或西廂。事實上探員們說，他在白宮外也有抽菸。

祕勤局探員說，代號「鳳凰」（Phoenix）的馬侃和歐巴馬不同，他急性子、不耐煩，常為小事大發脾氣。

有個探員說：「馬侃很難相處。他一向不停地抱怨，批評東、批評西。我們從一開始就曉得他不喜歡我們。我們擋到他，妨礙他和老百姓接近。」

另一方面，探員們都說，馬侃的太太辛蒂（Cindy）——代號「小花傘」（Parosol）——很好相處、很有幽默感。

歐巴馬當選總統之後，他的兩個女兒馬莉亞（Malia）和莎夏（Sasha）——代號分別為「燦爛」（Radiance）和「玫瑰花蕾」（Rosebud）——開始受到祕勤局保護。祕勤局也開始保護拜登的子女、孫子女和高堂老母。和保護錢尼的女兒、外孫兒女的情況一樣，祕勤局沒增加探員，反而期待探員延長工作時數以承擔額外工作量，也省略掉槍械訓練、體能訓練和測驗。事實上，拜登以副總統身分經常出差旅行，加上他三不五時要回德拉瓦州老家，探員的工作量大增，以致於祕勤局停止了副總統隨扈隊的一切訓練。甚且，總統和副總統兩人的隨扈隊探員，都可以自己填表，聲稱已通過所有的測驗，但其實根本沒接受測驗，因而助長了不誠實的文化。

一名探員說：「我們探員人手短缺一半，可是要求增派人手，總局又充耳不聞。總局的心態一直就是：『你們可以利用現有人力完成任務。你是祕勤局探員，應該全力以赴、達成使命。』」

美國史上第一個非洲裔總統的就職，以及空前的群眾人數，使得就職典禮成為十分具有價值的標的。歐巴馬一成為總統，祕勤局接到的揚言對總統不利的情資，較之小布希總統，增加了四倍以上。固然大部分威脅可信度不高，但每個情資都必須查察，做出裁示。由於祕勤局認為，要大家注意威脅，反而易使有心人東施效顰，產生出更多威脅，因此它從不公開評論威脅的頻率。

由於就職典禮是攸關全國的特殊維安事件，祕勤局負責統籌調度各個治安機關。安全戒備之嚴密，前所未見。按照祕勤局的規畫，華府市區有很大一塊要封街。私人車輛不准從波多馬各河橋梁進入市區。通往華府的三九五號州際公路和六十六號州際公路也不准私人車輛進出。

與歷次就職典禮做法相同，祕勤局在華府能通往總統車隊行進路線的每條街口，都布下水泥路障或警車。自從九一一事件以來，群眾要進入總統車隊行進路線沿線地區，必須先通過金屬偵測安檢。水瓶、背包和手提袋等都禁止攜帶。

祕勤局探員和軍方爆破專家檢查沿線人孔和地下通道。人孔蓋亦逐一封死。街上的郵筒和垃圾桶一概移走。如果某物件無法移走，即在檢查後予以彌封。如果有人試圖偷動手腳，特殊材質的封條（依活動有不同顏色）很容易就會斷裂。

接受過炸彈嗅辨訓練的警犬會檢查大樓、停車場和送貨卡車。沿線大樓員工和旅館住客是否有前科紀錄，也是查察重點。探員們確認好大樓或旅館管理員都有萬能鎖，能在必要時進出每個辦公室或旅館的房間。他們也把工具間和電箱貼封。每棟大樓屋頂都部署了探員或警察。

遊行沿線最難防堵危險的幾個點，有十幾組反狙擊手小組駐守。直昇機在上空盤旋，其他飛機禁止進入空域，高解析度監視攝影機不時掃描群眾。另外還斥資三十五萬美元買了一套聲納科技播音系統，以便緊急事故時可以播放指示。

一名主管探員說：「車隊經過時每個窗戶都要關上。我們派人用望遠鏡隨時查察。絕大多數人都會配合。如果有人沒配合，我們有萬能鎖能進去，查問他們為何逗留在那裡，而且還打開窗戶？」

如果探員們碰上問題，他們會通報情報小組。總統、副總統出行時，情報小組會隨行。情報小組通常由一名祕勤局探員和一名當地警官組成。在就職典禮時，各個情報小組都由祕勤局探員組成。可疑人物就交由情報小組問話。

整體加起來，祕勤局統籌調度來自九十四個聯邦與地方執法機關、軍方和情報機關，至少四萬名人員的工作。全國各警局也支援員警，穿便衣協助維安。二〇〇九年歐巴馬就職慶典動用的警力，比起小布希第二任就職慶典，足足增加一倍。

一月二十日正午剛過，歐巴馬左手按住林肯的聖經，舉起右手，在首席大法官羅伯茲（John Roberts）監誓下，宣讀三十五個字的誓詞，正式接任美國總統。（所謂林肯聖經是一八六一年三月四日這位偉大的黑奴解放者宣誓就任時，聯邦最高法院書記官替他準備的聖經。）

歐巴馬夫婦兩度下車，沿著賓夕凡尼亞大道步行，向民眾揮手致意。當年卡特首開此例，無預警地下車向民眾致意。後來，祕勤局就規劃了總統應在哪裡下車、步行、揮手，以確保安全。

情報單位掌握到一條情資，說索馬利亞的一個團體「青年黨」（al-Shabaab）可能派人潛入美國，企圖破壞就職慶典。不過這則情資不夠明確，可信度不高。

合計起來，共有將近兩百萬人擠在國會山莊外頭、遊行沿線及國家廣場。就職典禮順利完成。即使是在歐巴馬宣誓就職的時候，祕勤局仍舊便宜行事，甘冒風險。替慶典募集三十萬美元以上的捐獻人從來沒被要求出示證件，就可領到出席證，甚至貴賓通行證；有了貴賓通行證，他們和他們的來賓可以私下見到總統。有一批人經過安全檢查後，曾與一些未經檢查的民眾混在一起，卻沒有再次接受槍械或炸彈安檢。歐巴馬宣誓時，這些人就坐在一個靠近他的憑券就座區。

有一百多名貴賓被告知在文藝復興飯店門口集合，接受安全檢查，然後有通過安檢的巴士會載他們到國會山莊的觀禮臺。豈料他們經過金屬偵測安檢後，要自行走過公共人行道去找停在會議中心停車場的巴士。上車時，沒有人再檢查他們，連證件也不用再查對。

有一位替就職慶典募款的捐獻人告訴《華盛頓郵報》，他很震驚歐巴馬就職典禮的祕勤局維安作業，和柯林頓的就職典禮實在差很多。

他說：「維安不足實在太荒唐。」

祕勤局和往常一樣，宣稱有些安全措施外人是看不到的。

祕勤局發言人唐諾文說：「我們採取的是多層布建法，不是靠單一反制措施來確保某一點的安全。」

就算多層布建法有多麼神奇，不能妥適檢查旁觀民眾，祕勤局已使新總統暴露在可能的危險之下。

28. 手榴彈

祕勤局維安作業處處長特洛塔（Nicholas Trotta）在總局九樓辦公室裡，接受作者訪談，談到從過去的暗殺及暗殺未遂事件學到的教訓。在雷根遇刺之後，「我們擴大使用金屬偵測器。」他說：「現在，人人都必須通過金屬偵測安檢。」

特洛塔說，通常只要看到金屬偵測門擺在那裡，就可起嚇阻作用。他記得有一次陪同老布希總統到丹佛參加一場戶外活動，有個精神不正常的女子背包裡藏了一把槍，提前到達現場，認為或許有機會可以靠近總統。

特洛塔說：「她看到一輛轎車開進大帳篷。」由於觀眾必須經過檢查，「她進不去，只好守在外頭等。」她認為她可以在總統上車之際開槍，可是因為旁邊有人又分心了。探員們飛回華府後，獲悉這名女子被送進精神病院，她向家人吐露想行刺卻沒機會下手。

特洛塔說：「有很多這種我們不知道的個案，因為他們不能下手。有多少（刺客）因為看到警察或金屬偵測門就掉頭了呢？我不曉得有多少次看到報告說，有人排隊，一看到金屬偵測器便掉頭就走，這一來引起探員注意，反而會攔下他們問話，往往也就赫然發覺此人身懷武器、企圖不軌。」

但是，祕勤局抵擋不了競選總部人員或白宮幕僚的壓力，不做檢查就放人入場，又是怎麼一回事？突然間，特洛塔的說詞改了。他說：「當我們有七萬個人等著要入場時，我們可能也不需要人人都通過金屬偵測安檢。因為有些人的所在區域可能不在視線能及之處，不致於會威脅到保護對象。」

我再追問，若是有人未經安檢，萬一發生了行刺，那怎麼辦？特洛塔開始支支吾吾。他說，這裡頭涉及到許多因素。

特洛塔說：「總統到了體育場，可能會進入包廂。假設他坐在三壘上方包廂裡，位於一壘、中間位置的人，可能就不是威脅。只有在他位置周圍的人才可能是威脅。因此我們徹底檢查這個區域，不容有死角存在。」

特洛塔是不是從來沒聽過刺客可以離開他的座位開槍，或是朝總統丟擲手榴彈？我把特洛塔不做金屬偵測安檢的這套理由講給其他祕勤局探員聽，他們不敢置信。

曾在總統和副總統這兩大隨扈隊之一服務過的一名探員說：「聽到他這番停止金屬偵測

安檢，以及刺客太遠、不會引起麻煩的談話，我真是嚇呆了。」他說，你不妨想像有三、四個自殺刺客潛伏進來開槍掃射，會是什麼狀況。

這位探員說：「我不敢相信這種話會出自我們局裡維安作業處長的嘴。不需要金屬偵測安檢？什麼話嘛！感謝上帝你有把它記錄下來。因為如果不幸出了意外，他將是第一個被國會找去聽證會問話的官員。」

另一位也在兩大隨扈隊之一服務過的探員說：「宣稱在一場七萬人出席的活動中，不是每個人都近到可以開槍傷害保護對象，實在是絕妙的答覆。我聽了都覺得丟臉，一個處長會這樣答覆你。」

批評祕勤局在歐巴馬的達拉斯造勢活動停止金屬偵測安檢的前任聯邦調查局探員狄芬巴說，祕勤局作業如此鬆弛，消息很容易傳開的。

他說：「有心行刺總統的人會盯緊祕勤局在活動開始前停止金屬偵測安檢的空檔，乘虛而入。」

活動即將開始前關閉金屬偵測安檢作業，已經夠震撼，可是副總統拜登二〇〇九年四月六日為巴爾的摩金鷹隊球季第一場比賽開球，祕勤局對全場四萬多名球迷統統沒做安檢，更是匪夷所思。更過分的是，即使拜登要來主持開球的消息事先已經公告周知，副總統踏上投手丘時，竟然還沒穿防彈背心。

對於祕勤局如此草率十分不以為然的一個現任探員說：「在我們還來不及反應之前，一名或多名槍手早就可以開好幾槍了。」根據這個探員的說法，活動之前，拜登隨扈隊的高階主管就推翻同行隨扈和祕勤局巴爾的摩分局同仁的部署，裁定「我們不需要做金屬偵測安檢」。

不僅在替巴爾的摩金鷹隊開球時置身於遭暗殺的險境，拜登本身也因堅持其祕勤局車隊由八輛車減為兩輛車而破壞自己的維安部署——特別是在他回德拉瓦州老家時，戒備更是不足。他也不要地方警察開路。一名探員說：「他不瞭解維安的重要。我們的上司也沒有骨氣。他們不應該沉默，應該向他說清楚、講明白，身為美國副總統，應該要注意安全。」

拜登毫無安全意識還有另一個例證。二〇〇九年在一場宴會中和幾位記者同席，竟然洩漏副總統官邸地下一個絕對機密的碉堡的所在位置。拜登後來試圖辯解，說他指的是前任的錢尼副總統在官邸樓上的書房。但是，祕勤局已發電子郵件給探員，提醒他們拜登已經脫口說出副總統官邸地下祕密碉堡的位置。

探員說：「副總統會這麼做，我們全都很震驚。我們如果大嘴巴講出來，早被起訴了。」

談到決定中止金屬偵測安檢作業時，一名探員說：「祕勤局拆除了對付暗殺的第一道防線。他們說這樣沒關係。等到總統、副總統被殺了，就曉得關係可大了。」

如同特洛塔承認的，對祕勤局的要求已經爆炸。而且總統們越來越頻頻出國，祕勤局必須投入更多資源做好先遣作業。小布希總統在任內末期，幾乎每天都不在白宮。二〇〇八年一年，他就訪問了三十個國家。

光是二〇〇八年四月，祕勤局提供的保護遍及五大洲、二十個國家。特洛塔說，那一個月，「我們的保護任務滿檔：歷任總統要保護；教宗來訪問；由於教宗到訪，有些國家元首也要來美國。在邁阿密還要舉行加勒比海國家高峰會議；總統也要到紐奧良出席北美洲高峰會議。巨型競選造勢活動，也需要我們注意。」

可是，特洛塔不肯承認因為停止金屬偵測安檢，或有經驗的探員累壞而紛紛辭職，因而已經降低了這些維安需求的保護水平。他說，如果探員離職，不是祕勤局管理階層的錯，何況有人離職也沒什麼不好。

特洛塔告訴我，探員們「看看出差，又看看薪水不賴，自己會去衡量；當然有時候會想到生活品質。但是，這份工作就是如此。我們對美國民眾有一份職責，它自然會要我們付出一些代價，如工作時間長、經常出差、錯過家人子女生日、調職等等。有人會說：『我再也幹不下去了。』因此他們必須做出抉擇。如果他們走了，也無妨。」

談到祕勤局探員使用的武器，特洛塔一樣漠不關心。他說，這個問題由訓練中心決定。他說：「他們是專家。」

真奇怪，一個負責總統及總統候選人維安任務的處長，對於手下探員沒有配備聯邦調查局、陸軍，甚至美國鐵路警察已有的先進武器，可能導致暗殺行動得逞的問題，卻表示沒有興趣。

事實上，有個探員說：「我們接受槍械訓練時，每位教官都會拜託我們在評鑑表上填寫，建議換成M4手槍。MP5已經太笨重了。我們的武器早已比不上敵人。」

特洛塔對祕勤局的武器是否精良、探員離職率增高、中止金屬偵測安檢作業等問題態度冷漠，反映出祕勤局的浮誇不實文化。他一方面說金屬偵測在防阻暗殺行動上很有效用，「人人都必須通過金屬偵測安檢」，但一轉眼，又對在大型活動場合停止金屬偵測安檢作業辯解，真是令人歎為觀止。

事實上，小布希總統二〇〇五年五月十日到喬治亞共和國首都提比里希（Tblisi）訪問，在一個公共廣場演講時，有個男子朝他丟了一枚手榴彈，差點要了他老命。當時就是沒做金屬偵測安檢，這名男子才得以攜帶手榴彈混進人群。

後來主持這起事件調查的聯邦調查局國際業務處長傅因提（Thomas V. Fuentes）說：「喬治亞人在廣場四周架設了好多金屬偵測門。他們檢查了約一萬人，但是還有十五萬人等著要入場。他們發覺沒有辦法依總統的時間表讓這些人進場，因此乾脆關閉金屬偵測器，讓每個人都可以進場。」

手榴彈掉在小布希演講臺附近，萬幸竟沒爆炸。目擊者後來說，有個戴頭巾的男子站在旁邊，伸手進入黑色皮夾克口袋，掏出一枚軍用手榴彈。他拔掉插哨，用頭巾包起手榴彈，朝布希丟過去。

手榴彈裡頭有兩塊金屬片，要脫鉤後才會爆炸。可是這枚手榴彈的金屬片卡住了，當它掉落地上時並未爆炸。聯邦調查局仔細檢查之後，認為如果不是卡住，它可能會要了總統老命。如果所有的民眾都經過檢查，手榴彈一定會被查出來，布希就不會在鬼門關前走一回了。

在兩大隨扈隊之一服務的一名探員說：「我們在一眨眼間差點失去我們的最高保護對象，可是在訓練時卻從來不討論這個個案。」

在這起事件之前，對雷根總統、福特總統、羅伯．甘迺迪參議員、喬治．華萊士州長等人的行刺事件，都是因為民眾沒經過金屬偵測安檢才會發生。

前任祕勤局組長沙里巴說：「如果某人願意用自殺方式暗殺總統，除非是用金屬偵測安檢，否則你是無法防止的。」

特洛塔的輕率反應代表祕勤局拒絕承認問題，不肯務實處理會妨礙任務的問題。被問到離職率上升、士氣低落的問題時，蘇禮文局長也一樣只會說，太遺憾了。

蘇禮文說：「工作時間太長了。我們都有這種經驗，我也曉得箇中情況。我幹了二十五年的探員，絕不會要任何人做我做不到的事情。我知道他們經常出差在外。我也曉得他們常常見不到家人。我清楚他們值班的時間非常長。坦白說，這不是一份輕鬆的工作。」

他說，如果探員是一份輕鬆的工作，「人人都可以做。但是事實上，不是每個人都可以做得來的。我認為由於我們弟兄的品格，以及對這份工作的榮譽感，他們才會這麼賣命。我們會設法增加人手去支援他們，讓他們不必工作過勞。」

蘇禮文固然是個可敬的探員，卻沒有管理才能去發掘祕勤局的問題，對症下藥。他也沒有注意到祕勤局便宜行事的做法會危害到探員和保護對象的安全。蘇禮文根本不承認祕勤局便宜行事。

他說：「談到我們的保護任務，我們絕對不會便宜行事。我可以告訴你，我們絕對、絕對不會讓任何人處在失手的境地。我們會全力以赴、達成使命。我認為我們一直都不負人民的期待。」

29. 捏造統計數字

一九二四年至一九七二年長期擔任聯邦調查局局長的胡佛（J. Edgar Hoover）為了讓國會刮目相看，竟把各地警局破獲的汽車失竊案也報入調查局的業績。同時，胡佛忽略諸如組織犯罪、政治貪腐等重大刑案，因為辦這些案子要耗時費力，不易有成績。

祕勤局在許多方面也犯了同樣的毛病。它和胡佛一樣也向國會和社會大眾虛報破案業績，給自己臉上貼金。二〇〇八年，祕勤局因破獲偽造鈔幣票券案，逮捕二千三百九十八人；因其他金融犯罪案，逮捕五千三百三十二人。各地警察機關向祕勤局通報，他們抓到相當於偽造鈔幣或其他金融犯罪的嫌犯，已經予以拘押。祕勤局就堂而皇之，把這些列入他們自己的業績。

一名老鳥探員說：「當你是個外勤探員時，務必要向轄區各警察單位拜碼頭，要他們逮到人時，一定要和你聯繫。然後你就可以填寫報告，取得破案的成績。」

已經加入另一個聯邦機構督察長室的前任祕勤局探員說：「他們這麼做，當然是因為浮報辦案成績可以向國會表功。他們只要抄抄警方報告、加點字句就行了。聯邦調查局不會這麼做。這是玩把戲、騙人啦！」

有位探員說，祕勤局甚至也不抓重要犯人，「大體上，破案講究的是數字。我們很少花力氣追大尾的。我們很少辦可以追到偽造鈔券和盜竊信用卡號碼源頭的大案子。」

被問到祕勤局拿地方警察破案績效替自己的業績灌水作假時，祕勤局發言人唐諾文不做回應。

祕勤局為什麼兼具保護要員和執法破案兩大職責，是個很值得探討的問題。聯邦調查局傳統上不碰查緝偽造鈔幣票券這一塊祕勤局專屬業務，但是祕勤局查辦的其他金融犯罪，聯邦調查局也都有管轄權。由於保護要員的需求有高低起伏，祕勤局的雙重角色就起了彈性調節作用。如果有需要，局本部可向犯罪調查部門借調人手支援隨扈維安業務。在各地設置分局，與地方治安機關每天互動，當總統要到地方來時，有助於維安勤務。

探員們說，替保護對象站崗守哨許久之後，大家都十分盼望能回到犯罪調查部門。在刑案調查過程中偵訊一些人，可以磨練探員技巧，有助於處理可能威脅到總統的人物。固然不少探員是警察出身，絕大部分卻不是。調查犯罪時，他們學到評估肢體語言和眼睛閃動，可以查覺某人是否說謊。

結合犯罪調查和維安作業的好處是，做為一個犯罪調查員，「你會學到基本功夫，」特洛塔說：「你學到怎樣保護自己的安全，也要照顧到夥伴的安全。你學到在街上時步步為營，也懂得歹徒心理——不論它是偽鈔案或金融詐騙。我認為我們的雙重任務，使我們很獨特；它使得我們的探員在整體任務上都十分傑出、有效率。」

祕勤局的雙重角色有個缺點，就是要和檢察官開會或到法院出庭時，探員卻缺席了，原因是他們被抽調去支援維安勤務了。

一名前任探員說：「你可能正在處理一件天大地大的案子，可是當你中籤去支援維安勤務時，只好退出這個案子，跑去替某個來美國進行攝護腺檢查的小國家國王，在醫院走廊站崗。」

由於這個原因，聯邦檢察官最討厭和祕勤局探員一起辦案子。更大的問題是，祕勤局沒有取得相對應增加的經費預算和探員人手，就盲目擴大犯罪偵察方面的業務管轄，承擔更多的維安保護任務。這要怪到高層管理團隊身上，不是探員的過錯。祕勤局的探員大多十分敏銳而盡責。大凡和他們共事過的聯邦調查局探員，對他們無不豎起大拇指，讚不絕口。

除了正常任務外，探員們還會施行心肺急救術、制止謀殺、追捕車禍肇事逃逸者；蘇立文探員有一天下午在紐約就演出這一幕。當他沿著羅斯福路單獨開車時，發現前面有一輛汽車飛速往北猛飆。有個男子正在威廉斯堡橋底下的路邊換輪胎。這輛超速車撞上停在路旁的車子，把這名男子撞飛起來。

蘇立文以無線電通報紐約分局，呼叫警察和救護車；他取出閃燈，響起警笛，追趕那輛肇事逃逸車輛。最後終於在第一大道聯合國總部前將它攔下。蘇立文拔出槍，亮出識別證，命令駕駛下車等候警察到來。被撞的男子後來也保住性命。

探員們也曾在不尋常的情況下，防止保護對象受傷。一九七八年五月，卡特總統的小女兒艾蜜到伊瑟·甘迺迪（Ethel Kennedy，譯按：伊瑟是羅伯·甘迺迪的遺孀）家參加寵物秀，一頭三噸重的母象蘇西竟然追起她。現場登時大亂，大家驚慌竄逃，一名探員一把抓起艾蜜，救她脫險。

除了有些探員因公殉職外，還有些探員因保護美國官員出國而罹患不治之病（如登革熱等熱帶疾病）。探員也有過為保護對象而剝光衣服的紀錄——有一次柯林頓趕著要到安納波利斯市去，途中轎車碾過路面的大坑洞，咖啡濺滿一身，隨扈厄文（Harold Ewing）只好脫了自己的衣服，讓總統可以體面地亮相。

探員賈維斯後來轉任訓練中心教官，也升任主管。他說：「祕勤局吸引許多思想純正的青年加入。他們自幼的道德倫理是為了國家可以犧牲自己的性命。探員們所接受的訓練並不一定會說：『當你聽到這個，你就必須這樣做。你若聽到槍聲，第一步是這樣，第二步是替總統擋子彈。』基本上你是出於本能反應，義無反顧。」

賈維斯說，很顯然，「你之所以加入祕勤局，就必須覺悟到必要時要站到總統前面去保護他不受刺客傷害。」他又補充說：「但是，我不以為它值得再去思索考量。你直覺就會這麼做了。」

前任探員道寧說：「祕勤局的偉大，就是它的人員優秀。我們有幸延攬到一流的人才，而他們又十分盡忠職守。」

沒有人確切知道有多少次的行刺企圖，最後因為槍手覺得風險太大而叫停，或是因為祕勤局查獲了武器而未能得逞。除了一些廣為人知的未遂案件之外，還有數十起針對多位總統和其他保護對象的陰謀。例如，愛德華・甘迺迪參議員一九七九年競選總統時，有一名女子揮舞著刀子進入他在參議院的辦公室，便遭到探員制伏。

聯邦調查局局長穆勒告訴我：「祕勤局防止犯罪行為的任務，遠比犯罪行為發生之後的追緝調查更加艱難。」

可是，祕勤局探員再能幹，他們的本事卻遭到限制，原因出在它的管理團隊不肯承認盲目承接任務已經力有未逮，反而又不時便宜行事，造成太多問題。就像聯邦調查局局長胡佛透過高明的公關手腕，設法掩飾住調查局的缺點；祕勤局也十分漂亮地打造出它絕對可靠的形象——可惜卻有違事實。

胡佛偏執地強調探員要服裝整齊、一律穿白襯衫，祕勤局高層也全部照抄。普里威特（Keith Prewitt）二〇〇八年七月升任副局長，新官上任第一次和探員們溝通，就表示祕勤局探員出外旅行，衣著就得像個探員。可是，底下的探員反應，若是在飛機上要制服有意劫機的恐怖分子，恐怕不能穿得一本正經吧！越是家常便服才越不會讓恐怖分子一眼就看出你是執法人員呀！

胡佛的管理風格，與祕勤局高層也有不同的地方。胡佛激勵底下人對他本人、對組織要忠心耿耿。祕勤局高層卻鼓勵猜忌，導致士氣低沉。

探員們對這樣一種反建設性的文化做了說明：祕勤局長官寧願維持現狀，不要大破大立。這樣子，他們升遷的機會才大，將來也好轉到民間部門擔任高薪工作。外勤分局局長動輒就開寶馬、凌志、捷豹和柯維特等查緝時沒收來的名牌汽車。理由是這些車輛可以用來掩飾真實身分，從事祕密任務。其實他們極少這樣利用車子。事實上，祕勤局應該把這些汽車拍賣，替國庫增加一些收入。

某位聯邦調查局前任助理局長說：「聯邦調查局若有人這麼幹的話，早就鬧得沸沸揚揚了。在聯邦調查局裡，祕密任務用的車子就是祕密任務用的車子，外勤單位主管絕對不能用。」他說，現在如果是地方警察破的案，聯邦調查局也不能據為己有、虛報成果。

祕勤局探員們認為，他們如果站出來揭露缺失，將會遭到修理。一名探員說：「高層會把他們貼上不滿現狀的標籤，祭出最典型的懲罰手段，把他們調到鳥不生蛋的偏遠地區，罕有升遷機會。總局裡的人把這份工作當做跳板，往高處攀升。如果你興風作浪，一則是浪費力氣，再則他們也會整你。局裡創造了一種畏懼的文化。」

一九七八年，祕勤局委託全國精神衛生研究院前任副院長歐克伯格（Frank M. Ochberg）研究探員及其工作，瞭解他們是否壓力過大。

現任密西根州立大學臨床精神病學教授的歐克伯格說：「我發現他們壓力的主要來源並不是工作上所面臨的危險，而是過度威權主義的管理作風；壓力源是上頭不夠尊重探員，也不設法改善，好讓他們不會錯過女兒的受洗或畢業典禮。高層的態度擺明了就是：『你不必問為什麼，你只要全力以赴、死而後已。』」

根據歐克伯格的建議，祕勤局停止了強制探員兩人共睡一房的做法。在此之前，排不同班的兩名探員要睡同一個房間，要下哨的可以叫醒另一人接班。但是，除了這樣稍做變動之外，問題反而越發嚴重。祕勤局高層的做法變得更僵固、更不通人情，甚至帶有懲罰性質。有位跳槽到另一個聯邦執法機關的探員鬆了一口氣說：「現在，我被當做成年人看待了！」

探員們說，在祕勤局要升遷，遠比在其他機關更需要有關係、需要上級關愛的眼神、需要奉承上級長官。曾有黑人探員提出一項聲稱遭到歧視的法律告訴，高層對此反應過度，更使升遷作業失去章法。在歧視案調查時，發現十六年內祕勤局員工發出的兩千萬封電子郵件，只有二、三十封有種族歧視的言論或笑話。二○○八年四月，羅雷訓練中心有個白人教官向一名黑人探員亮出吊頸繩圈，這個教官就被停職處分。

儘管有這些不愉快的孤立事件，祕勤局黑人探員人數占全體探員的一七％；全國人口當中，黑人比例只有一二％。一份獨立的調查報告發現，從一九九一年至二○○五年，每年非洲裔美國人探員都比白人探員更快升到高薪職位。事實上，祕勤局主管級探員有二五％為少數族裔。二○○一年以來，已相繼有普里威特、史畢里格斯和拉瑞・柯凱爾（Larry Cockell）等三人官拜副局長，出任祕勤局的第二號職位。

史畢里格斯說：「本局對多元化議題非常敏感，高階職位的人事派令和統計數字，充分反應我們對這個議題的重視程度。」

晉任主管的黑人探員包爾（Reginald Ball）說，在底特律長大的他，「從來不敢想像有一天我會跟總統一同坐在轎車裡，每天在白宮和他朝夕相處，還坐上空軍一號專機。」

更諷刺的是，控告祕勤局種族歧視的探員摩爾（Reginald Moore），反而被查出發了好幾封有種族歧視色彩的電子郵件。

祕勤局曾經過度反應，晉升了幾個一般公認並不適任的黑人探員到高階職位。雖然有些黑人探員相當傑出，但是「反向歧視」（reverse discrimination）反而對組織裡的成員以及探員保護的對象都不好。

30. 廢弛職務

如果你認為防止暗殺對民主體制極其重要，再看到祕密勤務局的花費——年度預算十四億美元，其中將近三分之二花在維安作業上——不免會懷疑自己是不是看錯了？沒錯，固然九一一事件之後，祕勤局預算大幅增加，但把通貨膨脹的因素計算進去，它實際上是降低了。這些數字還不包括為了保護候選人和國家重大維安事件所追加的經費。

當前的狀況是，財力雄厚的恐怖分子取代了精神錯亂、單槍匹馬的刺客，成為對美國民選官員的最大威脅；針對總統的威脅也增加了四倍之多。可是，祕勤局不僅沒有開口向國會要求大幅增加經費，反而向國會議員保證只要經費稍增，它就可以完成任務——其實它是加重探員任務，睡眠被剝奪的探員幾乎是全天候值勤。

蘇禮文局長被問到祕勤局是否需要更多經費時，他拿伊拉克境內美國士兵面臨的挑戰來做比較。

他說：「我們面對現實吧。每個人都希望預算能更充裕。我檢視我的預算書，心想：『我真希望這裡能加一點、那裡也能多一點。』然後又想到我們大家都必須要犧牲——我指的是我們正在從事（阿富汗和伊拉克）兩場戰爭——有一天我在《華盛頓郵報》上看到一則報導，好幾個陸戰隊員晚上睡覺，只能睡在水泥地上一塊一英寸厚的泡棉墊子上。」

他說，這些士兵為國家出征，「不曉得明天一覺醒來，出外執行任務後，是否還能再回來睡覺。」

蘇禮文說，和伊拉克境內的美國士兵比較起來，「我們吃的苦算什麼？每個人都得盡一份力量。我認為我們對不起他們。我認為這整個機關都得對付我們薪水的人民負責任，我們要珍惜民脂民膏，更善加運用政府資源。我認為我們目前就是如此。」

蘇禮文拿祕勤局探員和二十二歲的士兵做比較，反映出祕勤局高層真是脫離現實。今天，民間部門願意出四倍薪水，爭取資深探員跳槽！

一九九九年至二〇〇三年擔任局長的史塔福，就很清楚這個情勢。由於史塔福預見到問題的嚴重性，早在九一一事件之前就爭取到祕勤局預算增加了四分之一（已經過通貨膨脹調整）。

史塔福告訴我說：「我上任後的第一件事就是拔擢最優秀的人才擔任各分支單位首長。

我也曉得同仁的生活品質有問題，離職率太高。這不是因為同仁對工作失去熱情，而是因為他們毫無正常生活可言。」

預算增加之後，史塔福增聘了一千名探員。

他說：「原來的加班太超過，我們把底下人操得太過頭了。」

今天，祕勤局不但造就了讓資深探員掛冠而去的環境，還因為沒派充分人手以金屬偵測安檢檢查每一個人，而危及到總統、副總統，以及總統候選人的安全。它在政治人物的幕僚施壓下退讓，允許沒經過安全檢查的人進入活動會場。

然而諷刺的是，祕勤局發言人查赫仁（Eric Zahren）替祕勤局的表現辯解，指出布希總統二〇〇八年十二月在巴格達記者會現場遭一名伊拉克記者丟鞋子，現場每個人都有經過金屬偵測安檢。因此，他說，雖然有人丟鞋子，可是武器沒進入房間，所以總統的性命沒有危險。

坦白講，從這一幕尷尬場景，我們看得出來，只要總統堅持要和群眾接觸，祕勤局便不可能做到滴水不漏，防止一切意外發生。讓總統和民眾互動，以及保護總統，這兩者之間的拉鋸可以追溯到很久很久以前。祕勤局探員得要在滿足保護的需求，以及不能讓別人批評是蓋世太保（gestapo）之間取得平衡。但是，未能採取最基本的預防措施，絕對沒有道理；就跟當年在福特劇場保護林肯總統的華府警員蹓到鄰近的沙龍喝杯酒，一樣不可原諒。

影星克林伊斯威特（Clint Eastwood）在電影《火線大行動》（*In the Line of Fire*）中扮演祕勤

局探員，劇情是祕勤局相信有個殺手企圖在總統到加州訪問時刺殺他。由於查不出殺手下落，祕勤局建議總統的幕僚長取消行程。幕僚長堅稱總統競選連任的這個造勢活動太重要，焉能取消行程。

情勢越發緊張，約翰馬可維奇（John Malkovich）飾演的殺手潛入這個募款餐會，當他朝著總統開槍那一剎那，克林伊斯威特撲向殺手，結結實實替總統挨了一槍。允許群眾不經過安全檢查就進入會場——祕勤局今天在總統和總統候選人的維安作業上就是如此做——卻遠比一九九三年這部電影中的情節更荒唐、更魯莽。

即使祕勤局可以要求其他機關支援，它在聯合國大會召開期間負責來訪的外國元首維安任務，卻只派三名探員值勤，不肯開口求助，形同賭它一把，押它不會有人企圖行刺。

一名奉派參加聯合國大會期間維安任務的探員說：「這就是我們頑固的領導階層的又一樁決策。他們說：『我們做得到；我們不需要支援；我們是萬能的祕勤局。』他們這種態度已經危及到探員與保護對象的福祉和安全。」

祕勤局在調度探員和停用金屬偵測安檢時便宜行事，可是為了讓國會印象好，卻浪費納稅人的錢，指派探員重寫數千件的地方警察破案報告。祕勤局又指示探員忽視違法事實，聽任非法移民在國土安全部部長公館工作，拿地方警察破案成績替自己的成績灌水，告訴探員自己填寫體能測驗報告，用假演練來討好國會議員和聯邦檢察官，殊不知卻助長在執法機關不該有的不誠實與腐敗文化。這種欺騙文化與祕勤局探員先天的榮譽大相牴觸。

祕勤局把反攻擊小組成員降為兩人，又屈從幕僚的要求讓他們和保護對象相隔甚遠，這反映出它假設攻擊會來自孤鳥殺手，而不是全面的恐怖攻擊。祕勤局使用MP5手槍，而非恐怖分子可能會用的火力更強大的M4，也更加證明這個推論。祕勤局又和聯邦調查局及軍方作風迥異，不重視定期訓練和槍械測驗，也凸顯出它完全疏忽了祕勤局的任務。反攻擊小組探員竟然還有人一年以上沒試射過SR16長槍的。

參與主要隨扈隊任務的一個探員說：「為什麼羅雷中心為參訪的貴賓和政治人物做示範演練，要事先預做彩排呢？因為教官和主管曉得，若不事先預做彩排，屆時我們會像一群呆瓜一樣，亂成一團。」

像停止金屬偵測安檢這麼令人不敢置信的事，怎麼會這麼久都沒曝光？聯邦調查局和中央情報局壁壘分明，不肯互通情報，以致傷害到它偵測並制止一場恐怖攻擊的能力。同樣的情況，各大投資銀行在知情的狀況下買進不合標準的房貸抵押證券，傷害美國經濟，迫得美國政府必須掏出數千億美元予以援救。證券交易委員會也同樣德性，忽視馬多夫（Bernard Madoff）搞騙局的明確檢舉。

有個探員說：「換成是民間公司的話，他們早就倒了。但因為這是政府，所以沒有人負責。」

一個總統或總統候選人被刺殺，其影響大得無法想像。如果林肯沒有被暗殺，就不會有繼任的強生（Andrew Johnson）總統破壞國家統一的做法，也可以賦與黑人更多的權利。如果甘迺迪沒有被暗殺身亡，詹森也絕不會成為總統。如果羅伯・甘迺迪沒有被殺，又贏得總統大位，尼克森也可能永遠無法當選。

從定義來看，總統遇刺威脅到民主體制。祕勤局高層明白這個任務的重要性。柯飛特警官殉職五十八週年時，維安作業處處長特洛塔向全局探員發出一份公開信。柯飛特當年在布萊爾賓館保護杜魯門總統。身負重傷的柯飛特仍然拚命站了起來，倚靠著哨亭，向托瑞索拉頭部開槍，撂倒這個刺客。

特洛塔在公開信中提到：「我們的保護任務不容失敗。我們保護的對象，國家期望我們不惜一切代價予以保護。」他又說：「我們在這裡要確保各位有需要的工具去執行任務。」

寫於二〇〇八年大選之前的這封公開信，結語是：「在總統大選前的最後幾天，做為候選人隨扈的諸君，你們的旅行無休無止，你們必須提高警覺、注意一切枝微細節。我們是無名探員、無名員警。我們默默付出，全力以赴。」

特洛塔話說的漂亮，可是言詞空洞。祕勤局高層忘了它本身的缺失傷害到維安任務，也危及保護對象的安全。

國土安全部的督察長和國會都沒有發掘出祕勤局的缺點。只要總統繼續從局內拔擢人選出任局長，它的浮誇文化就不會改變。

一名資深探員說：「我們沒有足夠的人手或器材去做到他們所宣傳的維安任務。我們迄今仍未出差錯，也真是奇蹟。」

大部分的美國人根本不知道總統、第一家庭、副總統和總統候選人的維安工作幕後真相是什麼。他們可能在一場活動或是購物中心某家店門口看到探員——身穿西裝、耳插無線對講機。然後他們才會想起來，今天早上在報上讀到總統或某位總統候選人要來本市的新聞，這時候才曉得這些人是何方神聖。

如果探員們看來有點分心，不太注意街上的喧鬧，那是因為他們全神貫注在最重要的任務上面。他們注意的是周遭突兀的事物——譬如某個戴帽男子神色緊張打量店舖；或是明明天氣冰冷，卻有人汗水滿面。

探員們的日子經常充滿風險，工作要求又緊張，需要細心地規劃一切——偏偏局裡頭又常常便宜行事，對安檢作業打折扣。關心祕勤局恐怕將要爆發大紕漏的探員們說，唯有從外頭物色人才來擔任局長，才能大刀闊斧改革，一掃祕勤局的虛浮文化。

再不積極改革，歐巴馬或未來哪位總統遭到暗殺，也不是不可能的事。果真發生這樣的事，恐怕又得搬出另一個華倫委員會來徹底檢討悲劇。它將會發現祕勤局廢弛職務、怠忽職守已到了駭人聽聞的地步，辜負了美國人民的期望，也對不起自己勇敢、盡責的探員團隊。

結語

布斯殺害了林肯總統之後，逃亡了十二天。一八六五年四月二十六日，聯邦員警堵住他，在槍戰中將他格斃。四名共犯（其中一人為女性）經審判後被處絞刑。

一八八一年七月二日槍殺新任總統賈斐爾的桂提，於一八八二年六月三十日被處絞刑。

一九〇一年九月六日殺害麥金萊總統的工廠工人克索葛茲被處電刑。他臨死之前說：「我殺死總統是因為他是善良之人——善良工人——的敵人。我不覺得有錯。」

行刺杜魯門總統未遂的波多黎各民族主義者柯拉佐，於一九五一年三月以一級謀殺罪名判處死刑定讞。一九五二年即將行刑之前幾週，杜魯門將他減刑為無期徒刑。杜魯門表示他不願讓波多黎各民族主義有個烈士。一九七九年，卡特總統特赦柯拉佐。柯拉佐以英雄之姿回到波多黎各，後於一九九四年去世。

一九六四年，華倫委員會確認聯邦調查局的調查，認為奧斯華（Lee Harvey Oswald）暗殺甘迺迪總統，是一個人作案。奧斯華暗殺甘迺迪之後兩天，在警方戒護下要移監，卻遭魯比（Jack Ruby）開槍打死。

沙漢．沙漢於一九六九年四月十七日因謀殺羅伯．甘迺迪罪名判刑定讞，將送進毒氣室行刑。但是一九七二年加州最高法院宣告，加州在一九七二年以前所判決之一切死刑均屬無效之後，減刑為無期徒刑。

關在加州州立監獄的沙漢，後來對假釋委員會陳述說：「我真心相信如果羅伯．甘迺迪今天還在世，我認為他不會鼓勵讓我單獨受到這種待遇。我認為他會率先說，無論我的行為有多麼可怕，不應該做為否定我在這個國家依法享有同等待遇的理由。」

布里默槍擊華萊士州長，造成他終身癱瘓之後，被判處徒刑六十三年，後來減刑為五十三年。服刑三十五年之後，他在二〇〇七年十一月九日從馬里蘭州監獄獲得假釋出獄。

布里默從來沒說明他為什麼要槍擊華萊士。不過，一九九七年，州當局否決他申請假釋時，他曾經痛斥華萊士的種族隔離立場。後來布里默獲得假釋的一個條件是，禁止靠近任何候選人或政治活動場所。

遭布里默開槍打中喉嚨的祕勤局探員查沃士，由於槍傷的關係，說話聲還是相當刺耳。

「尖嗓子」佛洛美於一九七五年謀殺福特總統未遂的罪名成立。一九七九年，她在獄中以鎯頭攻擊另一名囚犯。一九八七年十二月二十三日，她從西維吉尼亞州艾德生鎮（Alderson）的聯邦監獄逃走，但兩天後就被抓回去，目前關在德州的聯邦精神病院。她雖然從一九八五年起就合乎申請假釋的條件，但是卻一再放棄出席聽證會的權利。

一九七五年十二月，摩爾對企圖行刺福特總統的罪名認罪。二〇〇七年十二月三十一日，她在服刑三十二年之後獲得假釋出獄。摩爾曾經表示後悔企圖暗殺福特，說自己「被激進的政治觀點矇蔽」。福特於二〇〇六年十二月二十六日逝世。

辛克萊謀殺雷根總統未遂之後，於一九八二年六月二十一日因精神不正常的理由獲判無罪。審判之後，辛克萊曾經寫說，這次槍擊是「世界史上最偉大的求愛之舉」。被關在華府聖伊莉莎白醫院的辛克萊，被裁定為「無法預料的危險人物」，有可能傷害自己、茱蒂佛斯特或其他第三者。縱使如此，二〇〇五年十二月三十日，一位聯邦法官裁決，准許辛克萊在雙親監護下回到他們在維吉尼亞州威廉斯堡的老家探視。後來他又申請更多自由，則遭到駁回。

小布希總統在喬治亞共和國首都提比里希遭到一名男子投擲手榴彈後，聯邦調查局檢視了一名大學教授所拍攝的三千張照片，發現一名男子的相貌合乎投彈男子的模樣。喬治亞當局散發照片給全國新聞媒體，並把它張貼公告。警方因而接到民眾來電。

民眾說：「那是我的鄰居阿魯土諾夫（Vladimir Arutyunov）。」

警方偕同聯邦調查局探員於二〇〇五年七月十九日前往嫌犯住處抓人。當他們靠近時，嫌犯開槍拒捕，打死一名喬治亞警察。

阿魯土諾夫坦白無諱，聲稱小布希對穆斯林太軟弱，他才會要幹掉他。這名男子被判無期徒刑。

祕密勤務局大事紀

一八六五年　祕密勤務局於七月五日在華府成立，負責查緝偽鈔。財政部長麥克羅奇（Hugh McCulloch）任命伍德（William P. Wood）為局長。

一八六七年　祕密勤務局職掌擴大，納入「偵查企圖詐欺政府之相關人士」。祕密勤務局開始調查三K黨、釀造私酒者、走私客、搶劫郵件者、土地詐欺犯，以及其他違反聯邦法令者。

一八七〇年　祕密勤務局局本部遷移至紐約市。

一八七四年　祕密勤務局局本部遷回華府。

一八七五年　祕密勤務局探員獲頒新的識別牌。

一八七七年　國會通過一項法律，禁止偽造任何硬幣或金塊、銀塊。

一八八三年　祕密勤務局被正式承認為財政部建制單位。
一八九四年　祕密勤務局開始非正式保護克里夫蘭總統。
一八九五年　國會通過法律，懲治偽造或擁有假郵票。
一九〇一年　麥金萊總統遭暗殺後，國會非正式要求祕密勤務局保護總統。
一九〇二年　祕密勤務局負起全職保護總統的責任。兩名探員被派全職隸屬白宮隨扈隊。
一九〇六年　國會通過《一九〇七年民事庶務支出法》，提供祕密勤務局保護總統的經費。祕密勤務局探員開始調查西部土地詐欺案件。
一九〇八年　祕密勤務局開始保護總統當選人。羅斯福總統調動祕密勤務局探員到司法部，組成今天「聯邦調查局」的核心。
一九一三年　國會批准永久保護總統及總統當選人。
一九一五年　威爾遜總統下令財政部長，指派祕密勤務局調查美國境內的間諜。
一九一七年　國會批准永久保護總統的近親，並訂定直接威脅總統為聯邦刑事罪。
一九二二年　哈定總統指示下，十月一日成立「白宮警衛隊」（White House Police Force）。
一九三〇年　白宮警衛隊納入祕密勤務局監督。
一九五一年　國會制訂法律，永久批准祕密勤務局保護總統、總統的近親，以及總統當選人；必要時亦保護副總統。
一九六一年　國會批准在一段合理時間內保護卸任總統。

一九六二年　國會擴大保護對象，包含副總統（或下一順位繼任總統之公職人員），以及副總統當選人。

一九六三年　國會通過立法，提供賈桂琳．甘迺迪及其未成年子女為期兩年的保護。

一九六五年　國會明訂暗殺總統為聯邦刑事罪。國會批准終身保護卸任總統及其配偶，其子女亦可受保護至年滿十六歲為止。

一九六八年　由於羅伯·甘迺迪遭暗殺身亡，國會批准保護主要的總統、副總統參選人和被提名人。國會亦批准保護總統的遺孀直至逝世或改嫁，其子女亦可受保護至年滿十六歲為止。

一九七〇年　白宮警衛隊更名為「行政維安處」（Executive Protection Service），擴大職掌，包括負責保護華府地區的外國使領館。

一九七一年　國會批准祕密勤務局保護來訪之外國元首或政府首長，以及總統所指示之其他官方貴賓。

一九七五年　行政維安處的職掌再次擴大，包含保護設於美國及其領地之所有外國使領館。

一九七七年　行政維安處於十一月十五日更名為「祕密勤務局制服處」（Secret Service Uniformed Division）。

一九八四年　國會立法明訂詐欺使用信用卡和金融卡為聯邦刑事罪。它亦授權祕密勤務局調查信用卡和金融卡詐欺案、聯邦相關之電腦詐欺案，以及身分證件詐欺案。

一九八六年　「財政部警衛隊」於十月五日併入「祕密勤務局制服處」。總統頒令批准保護來訪的外國元首或政府首長之同行配偶。

一九九〇年　祕密勤務局與司法部執法人員一同被賦與職權，可就任何涉及受聯邦保險之金融機構的民事與刑事案件進行調查。

一九九四年　一九九四年刑法修正通過，任何人在國外製造、運送或擁有偽造美鈔，將視同在美國國內之犯行予以起訴。

一九九七年　國會一九九四年通過的一項法律開始生效。它規定：一九九七年一月一日以後當選為總統者，於卸任後可享有十年的祕密勤務局保護之優遇，但是一九九七年一月一日以前當選為總統者，卸任後仍繼續享有終身保護之優遇。

一九九八年　祕密勤務局及其他聯邦執法機關職權擴大。《電信行銷詐欺防治法》准許沒收詐欺之犯罪所得。《身分竊取及冒用防治法》明訂竊取身分之罪名。就任何人在知情之下，未經他人授權而移轉或使用他人身分，有意從事不法行為的情事，訂定刑責。

二〇〇〇年　《總統維安保護法》授權祕密勤務局參與規劃、協調及執行總統所裁示之國家特殊重大事件之安全作業。這些事件稱為國家特殊維安事件。

二〇〇一年　《愛國法》擴大祕密勤務局在調查與電腦有關之詐欺及相關活動之角色。它授權祕密勤務局局長建立全國電子犯罪專案小組，協助執法機關、民間部門和學界以偵測和撲滅電腦犯罪。對於製造、擁有、買賣和傳遞偽造之美鈔及外幣之人，它也提高其法定刑期。它並准許採取執法行動以保護金融支付制度，同時亦對抗由恐怖分子或其他歹徒所發動之跨國金融犯罪。

二〇〇二年　「國土安全部」（Department of Homeland Security）成立，祕密勤務局將在二〇〇三年三月一日由財政部改隸國土安全部。

二〇〇四年　祕密勤務局資深探員芭芭拉．芮姬（Barbara Riggs）成為該局有史以來第一位女性副局長。

二〇〇六年　祕密勤務局電子犯罪專案小組網絡，由十五個組擴編為二十四個，遍布全國，負責對付高科技電腦犯罪。

二〇〇七年　五月三日啟動對歐巴馬的保護機制，這是有史以來祕密勤務局對總統參選人最早啟動的維安行動。總統參選人希拉蕊．柯林頓因為具有卸任總統配偶身分，在投入競選之前即已受到祕密勤務局保護。

二〇〇八年　總統參選人馬侃於四月二十七日開始受到保護。兩黨總統被提名人公布其副總統競選搭檔前，拜登和裴琳也受到保護。歐巴馬十一月四日當選，他的女兒瑪莉雅和莎夏立刻受到祕密勤務局保護。

二〇〇九年　歐巴馬於一月二十日宣誓就任美國第四十四任總統。

INTO 54

我的老闆是美國總統——祕勤探員獨家內幕

In the President's Secret Service: Behind the Scenes with Agents in the Line of Fire and the Presidents They Protect

作者—隆納．凱斯勒（Ronald Kessler）
譯者—林添貴
主編—莊瑞琳
責任編輯—吳崢鴻
美術設計—張瑜卿
校對—莊瑞琳、吳崢鴻
執行企劃—曾秉常
董事長
發行人—孫思照
總經理—莫昭平
總編輯—林馨琴
出版者—時報文化出版企業股份有限公司
10803台北市和平西路三段二四〇號三樓
發行專線—（〇二）二三〇六六八四二
讀者服務專線—〇八〇〇二三一七〇五
（〇二）二三〇四七一〇三
讀者服務傳真—（〇二）二三〇四六八五八
郵撥—一九三四四七二四時報文化出版公司
信箱—台北郵政七九～九九信箱
時報悅讀網—http://www.readingtimes.com.tw
電子郵箱—history@readingtimes.com.tw
法律顧問—理律法律事務所　陳長文律師、李念祖律師
印刷—盈昌印刷有限公司
初版一刷—二〇一〇年二月十二日
定價—新台幣二八〇元
行政院新聞局局版北市業字第八〇號

國家圖書館出版品預行編目資料

我的老闆是美國總統：祕勤探員獨家內幕／隆納．凱斯勒(Ronald Kessler)著；林添貴譯．-- 初版．-- 臺北市：時報文化, 2010.02
面； 公分．-- (Into ; 54)
譯自：In the president's Secret Service: behind the scenes with agents in the line of fire and the presidents they protect

ISBN 978-957-13-5166-7(平裝)

1. 情報組織　2. 美國

599.7352　　99002209

ISBN 978-957-13-5166-7
Printed in Taiwan

【時報悅讀俱樂部】會員邀請書

☑要！我要加入【時報悅讀俱樂部】

＊選書方式：任選時報出版單書定價600元以下好書

＊相同書籍限2本，每次至少選2本以上（含）

＊信用卡請款通過後，立即免運費寄出贈品及選書

＊免費宅配或郵寄到府

以下是我的個人基本資料：

□輕鬆卡（入會）＄2800　　□VIP（入會）＄4800

□輕鬆卡（續會）＄2500　　□VIP（續會）＄4500

姓名：＿＿＿＿＿＿＿＿＿＿＿＿＿＿＿＿＿

性別：□男　□女　婚姻狀況：□已婚　□未婚　生日：民國＿＿年＿＿月＿＿日（必填）

身分證字號：＿＿＿＿＿＿＿＿＿＿＿＿＿＿＿（會員辨識用，請務必填寫）

寄書地址：□□□＿＿＿＿＿＿＿＿＿＿＿＿＿＿＿＿＿

聯絡電話：（O）＿＿＿＿＿＿（H）＿＿＿＿＿＿　手機：＿＿＿＿＿＿

e-mail：＿＿＿＿＿＿＿＿＿＿＿＿＿＿＿＿＿＿＿

（我們將藉此通知您最新的重要選書訊息，請填寫能夠確定收到信函的信箱地址）

閱讀偏好（請填1.2.3順序）：□文學□歷史哲學□知識百科/自然探索□流行/語文□漫畫
□生活/健康/心理勵志□商業

※我選擇的付款方式：

1. □劃撥付款　劃撥帳號：19344724　戶名：時報文化出版公司

（請直接至郵局填寫劃撥單，並在劃撥單上註明您要加入的會員卡別、金額、贈品及個人資料，包括：姓名、地址、聯絡電話、生日、身分證字號）

2. □信用卡付款

信用卡別 □VISA　□MASTER　□JCB　□聯合信用卡

信用卡卡號：＿＿＿＿＿＿＿＿＿＿＿＿＿＿有效期限西元＿＿年＿＿月

持卡人簽名：＿＿＿＿＿＿＿＿＿＿＿＿＿＿（須與信用卡簽名同字樣）

統一編號：＿＿＿＿＿＿＿＿＿＿＿＿＿＿

※如何回覆

傳眞回覆：填妥此單後，放大傳眞至（02）2304-6858 時報悅讀俱樂部24小時傳眞專線

●時報悅讀俱樂部讀者服務專線：（02）**2304-7103**

週一至週五AM9:00~12:00　PM1:30~5:00